Dilip Kumar
Tarunpreet Kaur

Conceção e desenvolvimento de robôs de vigilância

Dilip Kumar
Tarunpreet Kaur

Conceção e desenvolvimento de robôs de vigilância

ScienciaScripts

Imprint
Any brand names and product names mentioned in this book are subject to trademark, brand or patent protection and are trademarks or registered trademarks of their respective holders. The use of brand names, product names, common names, trade names, product descriptions etc. even without a particular marking in this work is in no way to be construed to mean that such names may be regarded as unrestricted in respect of trademark and brand protection legislation and could thus be used by anyone.

Cover image: www.ingimage.com

This book is a translation from the original published under ISBN 978-3-659-83188-1.

Publisher:
Sciencia Scripts
is a trademark of
Dodo Books Indian Ocean Ltd. and OmniScriptum S.R.L publishing group

120 High Road, East Finchley, London, N2 9ED, United Kingdom
Str. Armeneasca 28/1, office 1, Chisinau MD-2012, Republic of Moldova, Europe
Printed at: see last page
ISBN: 978-620-8-30547-5

Índice:

Vigilância
Robô
Conceção e desenvolvimento

Prefácio

O robô é basicamente uma máquina ou dispositivo eletromecânico que é controlado por um programa de computador ou por um circuito eletrónico para executar uma variedade de tarefas físicas. Com o desenvolvimento gradual da tecnologia, os cientistas apresentam novas ideias e invenções de robots. Na vida atual, os robôs estão a tornar-se uma parte indispensável da vida humana. A tecnologia robótica também permite a automatização em hospitais, escritórios e fábricas. Para além da automatização, esta tecnologia também é utilizada nas forças de defesa, no entretenimento, na exploração espacial, nos sistemas de segurança e na execução de muitas missões perigosas. Como o terror continua a ser sempre o primeiro inimigo da Índia, os robots vão ser utilizados para salvar vidas humanas. Países como a Índia continuam a enfrentar e a confrontar-se com ameaças regulares de terror.

Este livro apresenta uma nova abordagem para a vigilância de áreas remotas utilizando um robô autónomo. Atualmente, muitas organizações militares, devido ao desenvolvimento da robótica, substituem os soldados por robôs militares para salvar vidas humanas de guerras indesejadas. Este sistema proposto apresenta um robô multisensor que é utilizado para detetar seres humanos vivos, bombas, gases nocivos e fogo nos campos de guerra. Este sistema também melhora a utilização de recursos renováveis de energia como fonte principal, utilizando o painel solar como principal fonte de energia neste sistema de vigilância. O painel solar está ligado a um controlador de carga solar para fornecer energia constante à bateria. O robô está equipado com uma câmara que é utilizada para enviar informações visuais sem fios para o computador portátil ou PC do utilizador, tanto no modo automático como no modo manual. O módulo de sensores é composto por vários sensores, como o sensor PIR, o detetor de metais, o detetor de gases e o sensor de temperatura, para detetar intrusos, bombas, gases nocivos e incêndios nas zonas fronteiriças. Em ambos os modos, o utilizador receberá mensagens de alerta no seu telemóvel quando qualquer sensor ficar ativo através do módulo GSM. No modo automático, o sistema proposto utiliza um sensor ultrassónico para detetar e evitar obstáculos no caminho e receber mensagens de alerta no telemóvel. No modo manual, o robô é controlado premindo a tecla do touchpad do telemóvel do utilizador, que é detectada pelo descodificador DTMF, através do qual o robô se pode deslocar na direção pretendida. O utilizador altera a trajetória do robô de acordo com a informação visual em tempo real dos arredores fornecida pela câmara equipada no robô. Em ambos os modos, o utilizador poderá ouvir as conversas dos humanos nas zonas fronteiriças com a ajuda do microfone incorporado na câmara.

RECONHECIMENTO

A criação de um projeto requer a combinação de esforços sinceros, trabalho árduo, talentos e bênçãos de grandes pessoas, que direta ou indiretamente contribuem para o projeto-relatório. Este projeto não é exceção e devo uma gratidão especial a várias pessoas.

Estou muito grato ao **Sr. D.K. Jain, Diretor Executivo do** Centro de Desenvolvimento de Computação Avançada (C-DAC) de Mohali, por me ter dado esta oportunidade de realizar o trabalho apresentado no livro.

Expresso a minha sincera gratidão ao Sr. Balwinder Singh, Coordenador da divisão M.Tech ACS, Centro de Desenvolvimento de Computação Avançada (C-DAC) Mohali, pela sua orientação estimulante, encorajamento contínuo e supervisão durante todo o curso.

Considero um privilégio orgulhoso expressar os meus mais sinceros cumprimentos e gratidão ao **Dr. Dilip Kumar**, Professor Associado SLIET Longowal (Ex-Coordenador ACSD, CDAC Mohali), que é o Supervisor e à **Sra. Vemu Sulochana**, Engenheira de Projectos II no CDAC, Mohali, que é co-supervisora, pelo apoio inestimável que me deram em muitas ocasiões e pelas muitas discussões interessantes sobre muitos tópicos e teorias relacionadas com esta investigação. Sem as suas valiosas sugestões, não teria sido possível concluir este projeto. Os seus conhecimentos, tanto a nível académico como industrial, tornaram-nos uma fonte inestimável de orientação para o trabalho apresentado.

Gostaria de agradecer ao **Sr. Harpreet Singh,** Técnico de Projeto-II do Laboratório Incorporado no departamento ACSd, pela verificação da maioria dos resultados incluídos neste livro.

Por último, estou grato a todos os que contribuíram para o desenvolvimento do projeto e para a redação deste livro.

TARUNPREET KAUR

Capítulo 1

INTRODUÇÃO

O robô é basicamente uma máquina ou dispositivo eletromecânico que é controlado por um programa de computador ou por um circuito eletrónico para executar uma variedade de tarefas físicas. Com o desenvolvimento gradual da tecnologia, os cientistas apresentam novas ideias e invenções de robots. A vida humana torna-se muito mais fácil com o desenvolvimento de robots, especialmente em áreas perigosas. Devido ao aumento gradual da tecnologia, os robôs estão a tornar-se miniaturas e a aumentar as suas áreas de aplicação. Na vida atual, os robôs estão a tornar-se uma parte indispensável da vida humana. Devido ao seu elevado desempenho, fiabilidade e capacidade de realizar diferentes tarefas, a utilização da robótica em vários domínios aumenta gradualmente. A tecnologia robótica também permite a automatização de hospitais, escritórios e fábricas. Para além da automatização, esta tecnologia também é utilizada nas forças de defesa, no entretenimento, na exploração espacial, nos sistemas de segurança e na execução de muitas missões perigosas [1].

O domínio dos robôs de vigilância e inspeção é uma das áreas mais interessantes da robótica. O objetivo deste livro é desenvolver um "*Desenvolvimento de um robô de vigilância operado por telemóvel alimentado por energia solar*" que funcione de forma autónoma e manual através do telemóvel do utilizador utilizando um descodificador DTMF. Os módulos seguintes envolvem a construção de um robô:

- Módulo de alimentação eléctrica
- Módulo de acionamento, que inclui motores e respectivos accionadores
- Módulo de deteção para detetar vários objectos
- Módulo de transmissão de áudio e vídeo

1.1 TIPOS DE ROBOTS

1.1.1 Robôs agrícolas

A agricultura sempre foi a principal fonte de rendimento e de emprego da Índia. Assim, para o futuro progresso da Índia, a informatização no sector da agricultura é um elemento fundamental. O desenvolvimento contínuo desta tecnologia substituiu os cavalos por tractores e, posteriormente, os robôs são desenvolvidos para realizar várias actividades agrícolas que são atualmente realizadas por seres humanos. A Organização Nacional de Investigação Agrícola e Alimentar do Japão, que é o melhor Instituto de Maquinaria Agrícola, desenvolveu um robô que pode colher morangos consoante a sua cor. Para localizar os frutos no espaço tridimensional, é utilizada a visão estereoscópica, através da qual o robô apanha os frutos sem os danificar. Este simulador agrícola foi recentemente distinguido pelo 4° Prémio Anual de Robôs do Ano no Japão.

Figura 1.1 Robô agrícola

1.1.2 Robôs médicos

Devido ao aumento gradual da tecnologia, a robótica também alargou a sua aplicação ao domínio da medicina. Anteriormente, na Índia, a cirurgia robótica tinha sido utilizada apenas no domínio da cardiologia. O aumento gradual da tecnologia permitiu a realização de 60 cirurgias torácicas na Índia. Estes robots médicos são também utilizados para várias cirurgias urológicas, como a da próstata. No entanto, no domínio da medicina, esta tecnologia robótica continua a ser muito dispendiosa, tendo-se tornado comparativamente mais barata. Por este motivo, os cirurgiões têm grande curiosidade e entusiasmo em relação a esta tecnologia.

Figura 1.2 Robô médico

1.1.3 Robôs mineiros

Os robôs de exploração mineira são especialmente concebidos para responder a vários desafios que a indústria mineira enfrenta atualmente, nomeadamente a escassez de competências, a melhoria da eficiência devido ao declínio do teor de minério e a consecução de vários objectivos ambientais. Na maior parte das minas subterrâneas, os vários robôs autónomos, semi-autónomos e tele-operados têm demonstrado maior interesse em ultrapassar a natureza perigosa da exploração mineira. Existem vários comboios, carregadores e camiões automáticos desenvolvidos por vários fabricantes de veículos que carregam o material no veículo, transportam-no para o seu destino e descarregam-no sem qualquer intervenção humana. Uma das maiores empresas mineiras do mundo, a Rio Tinto, desenvolveu recentemente uma frota de veículos autónomos, composta por 150 camiões Komatsu automáticos.

Figura 1.3 Robô mineiro

1.1.4 Robôs militares

Devido ao aumento gradual da tecnologia, a robótica também estende as suas aplicações ao domínio militar, que é designado por "robôs militares". A utilização de robôs no domínio militar não é uma ideia recente. Em primeiro lugar, o exército dos EUA tinha demonstrado a utilização de robots no domínio militar. Mais tarde, Nicola Tesla, em 1898, alargou a utilização da robótica aos barcos a rádio. Mais tarde, na Segunda Guerra Mundial, a utilização de robôs militares foi alargada quando os alemães utilizaram o Goliath e os russos utilizaram os Teletanks, que tinham metralhadoras DT, e para criar uma cortina de fumo havia contentores de fumo e lança-chamas. Atualmente, o avanço desta tecnologia é demonstrado por robôs militares no Afeganistão e no Iraque. Os veículos aéreos não tripulados IAI Pioneer e RQ-1

Figura 1.4 Robô militar

1.2 HISTÓRIA DOS ROBOTS MILITARES NA ÍNDIA

Anteriormente, os robots eram apenas um pensamento da mente científica e não a realidade. Mais tarde, Manmohan Singh, o antigo primeiro-ministro da Índia, confirmou que a Índia está empenhada em incluir robôs em várias áreas e em alargar a sua aplicação a domínios importantes como a medicina, as minas, a indústria, o exército e o espaço. Em seguida, a Índia lançou com êxito o satélite espacial Chandrayaan-1 para a exploração robótica da lua, o que demonstra o seu empenhamento na tecnologia. Em maio de 2010, a Índia apresentou o seu primeiro robô **Daksh**. O Daksh foi desenvolvido pela Organização de Investigação e Desenvolvimento da Defesa (DRDO) e é utilizado pelo exército indiano para detetar e difundir bombas. Atualmente, o exército indiano tem 20 robôs Daksh para se opor a ataques terroristas. Dado o crescimento contínuo da tecnologia, a Índia também se empenhou no desenvolvimento de um robô de infantaria armado com capacidade para localizar, perseguir e enfrentar terroristas e militantes em toda a Índia, mas sobretudo em Caxemira.

1.3 ROBÔS MILITARES ACTUALMENTE UTILIZADOS

Antigamente, eram poucos os robôs utilizados no domínio da inspeção e da vigilância. Mas devido ao aumento gradual da tecnologia, os robôs alargam a sua aplicação às áreas de vigilância. Há vários robots militares que são utilizados para reduzir a perda de vidas humanas nos campos de guerra.

1.3.1 Daksh

Atualmente, o Daksh [2] é o robô mais utilizado na área militar, tendo sido desenvolvido pela Organização de Investigação e Desenvolvimento da Defesa. Trata-se de um veículo portátil acionado por bateria. Este robô é controlado através de controlo remoto, de modo a poder realizar e destruir os vários trabalhos de risco com toda a segurança. A principal utilização deste robô é desativar bombas de beira de estrada e salvar vidas humanas de grandes explosões e danos. Este robô também pode subir escadas para executar tarefas de risco. Também é capaz de digitalizar objectos utilizando um dispositivo portátil de raios X. Este robô está também equipado com um braço robótico que é utilizado para levantar objectos do chão e, se se tratar de uma bomba, esta é automaticamente desarmada com o seu disruptor de jato de água. Está também equipado com uma caçadeira que lhe permite abrir portas trancadas, partindo-as. Pode ser controlado a uma distância de 500 m em linha de vista com a ajuda da estação de controlo principal (MCS).

Figura 1.5 Robô militar Daksh

Figura 1.6 Robô militar guarda-redes

1.3.2 Guarda-redes

Entre os robôs militares atualmente utilizados, o Goalkeeper é também um deles. Este robô militar é basicamente um sistema holandês de armas de curto alcance que ajuda a proteger os navios dos mísseis e dos projécteis balísticos que se aproximam. Para localizar os fogos que se aproximam, este robô está geralmente equipado com um radar avançado.

1.3.3 PackBot

O PackBot é geralmente uma série de robots militares. Recentemente, o PackBot 510 é o modelo base mais utilizado deste robô. É um robô autodestrutivo equipado com uma pistola laser que se concentra facilmente nas tropas inimigas.

Figura 1.7 Robô militar PackBot

1.3.4 MARCbot

Este robô militar é um dos robôs mais baratos, utilizado para detetar objectos suspeitos. É utilizado sobretudo no Iraque para a deteção de objectos suspeitos. Este robô é o mais pequeno de todos os robôs militares. Assemelha-se a um pequeno camião de brinquedo com uma câmara montada com alguma elevação. Foi desenvolvido basicamente para satisfazer as necessidades dos soldados no Iraque.

Figura 1.8 Robô militar MARCBot

Capítulo 2

PESQUISA BIBLIOGRÁFICA

2.1 INTRODUÇÃO

No domínio da robótica, já foram efectuados bastantes trabalhos de investigação. Normalmente, os robôs de segurança são constituídos por 2-3 sensores diferentes, mas este robô é constituído por seis sensores diferentes. Atualmente, a maioria dos veículos robóticos é alimentada por bateria, mas este veículo robótico é alimentado por painel solar. Na maior parte dos veículos robóticos, o modo de funcionamento é RF (radiofrequência), mas neste veículo robótico o modo de comunicação é GSM e DTMF. Existem vários trabalhos de investigação que apresentam o desenvolvimento de robôs para fins de segurança e vigilância.

2.1.1 Revisão da literatura

Khushwant Jain et al. (2013)

Este artigo descreve o desenvolvimento de um carro-robô inteligente polivalente que é utilizado para detetar intrusos, incêndios, vários gases e metais nocivos, como bombas, e transmitir esta informação de alerta para o local principal. O sistema proposto fornece uma resposta imediata a partir de sensores equipados, utilizando a inteligência artificial. O sistema do robô envia mensagens de alerta ao utilizador dentro de um intervalo específico quando qualquer sensor fica ativo, mesmo quando o robô ainda está a trabalhar. A principal caraterística que diferencia este robô dos outros é o facto de executar uma variedade de tarefas em áreas difíceis e não planeadas. Todo este sistema de robots funciona em modo automático e manual. O modo automático é o modo predefinido em que vários sensores, como o sensor PIR para deteção de pessoas, o detetor de metais para deteção de bombas, o sensor de temperatura para deteção de incêndios, o sensor de gás para deteção de gases nocivos e o sensor ultrassónico para deteção de obstáculos, funcionam automaticamente. No modo de controlo manual, o utilizador transmite o sinal do controlo remoto equipado com o módulo RF para o carro-robô e controla-o manualmente. O utilizador altera a trajetória do robô de acordo com a informação visual em tempo real dos arredores fornecida pela câmara equipada no robô. Em ambos os modos, o utilizador pode ouvir a conversa de pessoas nas zonas fronteiriças com a ajuda do microfone incorporado na câmara [3].

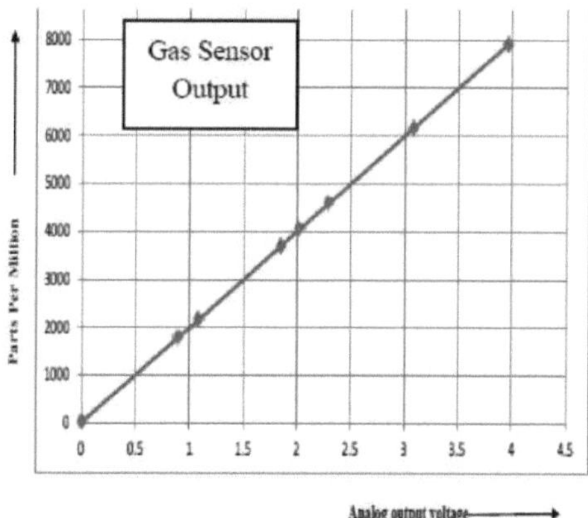

Figura 2.1 Saída do sensor de gás

Manish Kumar et al. (2013)

Este artigo apresenta o desenvolvimento de um robô operado por telemóvel usando DTMF para pesquisa de objectos. Atualmente, verifica-se um aumento gradual do desenvolvimento no campo da robótica e da comunicação em grande escala. Estas combinam várias tecnologias. Este robô é controlado manualmente pelo telemóvel do utilizador, utilizando a tecnologia DTMF, através da qual se pode deslocar em qualquer direção desejada, premindo uma tecla do touchpad. Este robô alarga a sua área de aplicação através da utilização de vários sensores que detectam objectos e também está equipado com um braço robótico que é utilizado para recolher e colocar objectos em função da mensagem enviada pelo utilizador a partir do telemóvel GSM e, além disso, este objeto é detectado por um detetor de metais fixado no braço robótico. No futuro, será também utilizado para detetar e difundir bombas [4].

Dhiraj Singh Patel et al. (2013)

Este artigo apresenta o sistema robótico que proporciona segurança e vigilância de forma mais eficiente do que os humanos. Este documento descreve o desenvolvimento de um robô espião que é operado por telemóvel. Este robô está também equipado com uma câmara CCD que capta dados visuais e os transmite ao local principal através do módulo RF. Para controlar o robô a partir do telemóvel, este é equipado com um telemóvel que detecta a frequência de tom duplo gerada pelo telemóvel do utilizador [5].

V. Prasanna Balaji et al. (2013)
Desde a antiguidade, os soldados lutavam contra as tropas inimigas e ganhavam a batalha. Mais tarde, o papel da infantaria mudou. A entrada e o aparecimento de soldados em pequenos e difíceis bosques e túneis era complexa. Mas com a introdução de robôs militares é muito mais fácil detetar bombas em pequenos bosques e túneis. No futuro, o soldado heroico não entrará na batalha apenas com um colete à prova de balas, mas também com um rádio de campo do tamanho de uma mochila e uma faca de comando presa entre os dentes. Este sistema funciona basicamente em dois modos. Um é o modo automático e o outro é o modo controlável pelo utilizador. O modo automático utiliza um sensor ultrassónico e uma técnica de reconhecimento facial para combater os intrusos. Em determinadas circunstâncias inevitáveis, o utilizador controla o robô para realizar operações específicas a partir de uma área remota, utilizando o computador. A principal vantagem deste sistema robótico é o facto de a comutação entre os dois modos poder ser feita rapidamente, sem qualquer atraso. Este robô também é utilizado para a deteção e difusão à distância de bombas metálicas e também para prestar assistência médica aos necessitados. Assim, o objetivo principal é fornecer um sistema robótico que possa combater em guerras e ser utilizado para outros fins militares. Este robô também tem capacidade para escalar terrenos acidentados e zonas montanhosas. Assim, este 7.º SENSE criará definitivamente uma revolução no domínio da vigilância [6].
Ibrahim Alsonosi Nasir et al. (2012)
Este artigo descreve o desenvolvimento de um sistema de deteção de obstáculos para um robô móvel com rodas e de baixo custo. O hardware do sistema proposto inclui sensores de infravermelhos do tipo GP2D02, que estão equipados na parte da frente do robô para detetar e evitar colisões. Este sensor de infravermelhos fornece uma saída analógica, pelo que é ligado ao microcontrolador PIC, que possui um ADC de 10 bits incorporado. Este sensor utiliza dois pinos do microcontrolador Pic. Um pino fornece o sinal para iniciar a medição e também fornece o sinal de relógio e o outro pino transmite o sinal de medição de volta para o microcontrolador [7].
Dr.S.Bhargavi et al. (2011)
Este artigo apresenta a conceção de um robô de combate inteligente para campos de guerra, cujo principal objetivo é reduzir as mortes humanas em ataques terroristas como o 26/11 em Mumbai. Este robô foi concebido basicamente para lidar com estes ataques terroristas imprevistos e para salvar vidas humanas destes danos. Este robô tem uma arma laser montada que é utilizada para atacar remotamente as tropas inimigas. O utilizador obtém vídeo em tempo real através da câmara montada no robô e executa a ação com precisão. Este robô está equipado com um sensor de infravermelhos do lado esquerdo e do lado direito. Se o sensor do lado esquerdo detetar um objeto, desloca-se para o lado direito e, se o sensor do lado direito ficar ativo, desloca-se primeiro para trás e depois para a direita. Assim, este robot desempenha um papel importante na proteção da preciosa vida humana contra guerras indesejadas [8].
Saradindu Naskar et al. (2011)
Este artigo apresenta um robô controlado por radiofrequência que é utilizado principalmente nas forças de defesa. A pistola de dois canos colocada no robô dispara balas contra as tropas inimigas. Tem uma câmara rotativa montada na parte superior, que roda para cima e para baixo e para a esquerda e para a direita até um determinado nível. Este robô é acionado por uma bateria, o que o torna portátil.
O movimento do robô para a frente e para trás e da esquerda para a direita é efectuado num ângulo específico do eixo. Através da câmara sem fios que está equipada no robô, o utilizador é capaz de visualizar os arredores do robô durante o seu funcionamento à distância a partir da estação de base. Foi concebido basicamente para combater, investigar e lidar com ataques inesperados em determinadas circunstâncias [9].
Zeeshan Mughal et al. (2011)
Este artigo descreve o desenvolvimento de um robô autónomo que encontra a sua aplicação nas áreas da defesa, da exploração espacial e das indústrias transformadoras. Este robô tem o nome de Eagle O. A câmara CCD montada na parte superior do robô transmite vídeo em direto para o computador remoto. Este robô detecta vários gases nocivos no ambiente circundante através dos diferentes sensores de gás nele equipados. Os gases normalmente detectados pelo robô são o CO, o CO_2 e o O_2.[10].
Binoy B. Nair et al. (2010)
Descrevem um veículo terrestre não tripulado versátil baseado em GSM que executa várias operações, como o manuseamento de resíduos radioactivos, a eliminação de bombas, a vigilância e a operação de busca e salvamento para salvar vidas humanas de grandes riscos. Para assegurar a comunicação de longo alcance entre o robot e a estação de base remota, é utilizada a tecnologia móvel GSM. Esta técnica GSM permite uma comunicação de longo alcance, segura, rápida e fiável entre a estação de base e o robô. Para que este robô funcione automaticamente, está equipado com sensores IR para detetar e evitar obstáculos que se encontrem no seu raio de ação. Também está equipado com uma câmara que fornece informação visual ao computador portátil do utilizador, através da qual é possível controlar com precisão estes dados visuais a longa distância [11].
Young-Duk Kim et al. (2010)
Este artigo apresenta o desenvolvimento de robôs de salvamento em locais de incêndio. Este robô tem uma variedade de aplicações que incluem operações de salvamento para fins de prevenção de catástrofes, como robô de combate a incêndios, robô de salvamento e robô de vigilância. Este documento propõe dois controladores remotos sem fios recentes que apresentam não só uma interface de funcionamento fácil de utilizar, mas também formas simples de controlar o robô. Este documento apresenta dois tipos de controladores, um do tipo portátil e outro do tipo joystick. O controlador portátil pode ser facilmente transportado pelos bombeiros e o controlador baseado em joystick pode fornecer controlos precisos e rápidos para tarefas específicas em ambientes de emergência. A conceção de ambos os controladores é feita de modo a que tenham a capacidade de recolher informações sobre o ambiente circundante, como vídeo, valores de temperatura e

concentração de gás. Ao avaliar os dados do inquérito, espera-se que este robô de combate a incêndios controle o fogo em locais de incêndio [12].

Mudança Zheng et al. (2009)

Este sistema de vigilância está estreitamente limitado na maior parte das actividades militares e civis, como ataques inimigos e missões de resgate de prisioneiros em recintos fechados. Estas aplicações específicas necessitam de robôs móveis em miniatura que desempenhem funções em ambientes altamente restritos. Mas o problema crítico que resulta destes robôs de tamanho miniatura é a complexidade de empacotar a locomoção, a deteção do ambiente circundante, os sistemas de computação e de energia num espaço limitado. Este artigo apresenta a conceção da parte mecânica, que inclui um mecanismo dinâmico flexível em miniatura, e o sistema para controlar o movimento de um robô de vigilância autónomo em miniatura para tarefas de investigação em interiores. Várias experiências descreveram que este robô de segurança era útil para fornecer vigilância em espaços restritos e pode efetuar investigações por si próprio ou por teleoperação [13].

Fujun He et al. (2009)

Este artigo apresenta a conceção de um sistema humanoide de deteção de fontes de gases perigosos em interiores através de um robô móvel. Este robô pode detetar os gases perigosos em áreas interiores e exteriores e emitir um alarme para alertar o utilizador. Para obter informações precisas e abundantes sobre os perigos, o robô detecta os gases nocivos quando o seu nível aumenta até um certo ponto. As formas anteriores de procurar a fonte de gás não são exactas. Neste robô inteligente, são colocados vários sensores de gás que dão uma resposta precisa. Este documento apresenta dois tipos diferentes de estratégia de pesquisa, uma é a estratégia de pesquisa direta para locais perigosos em que a informação anterior sobre o ambiente interior, a fonte de gás é conhecida e começa a procurá-los de acordo com a prioridade dada. A segunda estratégia inclui um sistema de inferências difusas com um sensor de gás que avalia a área de risco à volta do robot. A simulação entre vários sensores de gás mostra que a estratégia é eficaz para a pesquisa de fontes de perigo no interior [14].

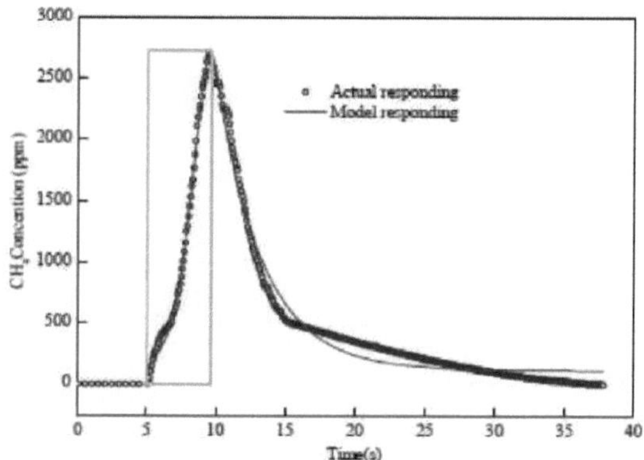

Figura 2.2 Leitura real do sensor de CH4

Srinivasavaradhan L. et al. (2009)

Este artigo apresenta a conceção do 7th sense, um robô polivalente para fins militares. Desde os tempos antigos, os soldados lutaram contra as tropas inimigas e ganharam a batalha. Mais tarde, o papel da infantaria mudou. A entrada e o aparecimento de soldados em pequenos e difíceis bosques e túneis era complexa. Mas com a introdução de robôs militares é muito mais fácil detetar bombas em pequenos bosques e túneis. No futuro, o soldado heroico não entrará na batalha apenas com um colete à prova de balas, mas também com um rádio de campo do tamanho de uma mochila e uma faca de comando presa entre os dentes. Este sistema funciona basicamente em dois modos. Um é o modo automático e o outro é o modo controlável pelo utilizador. O modo automático utiliza um sensor ultrassónico e uma técnica de reconhecimento facial para combater os intrusos. Em determinadas circunstâncias inevitáveis, o utilizador controla o robô para realizar operações específicas a partir de uma área remota, utilizando o computador. A principal vantagem deste sistema robótico é o facto de a comutação entre os dois modos poder ser feita rapidamente, sem qualquer atraso. Este robô também é utilizado para a deteção e difusão à distância de bombas metálicas e também para prestar assistência médica aos necessitados. Assim, o principal objetivo é criar um sistema robótico que possa combater em guerras e ser utilizado para outros fins militares [15].

Capítulo 3

FORMULAÇÃO DE PROBLEMAS

Este capítulo inclui a necessidade de robôs militares para a vigilância das fronteiras. Inclui também os problemas dos robôs militares já desenvolvidos para a segurança e os objectivos do sistema proposto para ultrapassar esses problemas.

3.1 NECESSIDADE E IMPORTÂNCIA DOS ROBOTS MILITARES

Atualmente, os robôs militares são utilizados por quase todas as organizações militares para evitar os trabalhos de risco que são difíceis de realizar pelos seres humanos. Devido ao crescimento contínuo da tecnologia, verifica-se também um aumento gradual do desenvolvimento de robôs militares para reduzir as queixas e a morte de soldados nos campos de guerra. Assim, para a vigilância das fronteiras e para a deteção de minas terrestres e bombas, estes veículos não tripulados são utilizados por várias forças militares. Os robôs nas áreas da defesa são de tamanho miniatura, pelo que têm capacidade para entrar em pequenos edifícios e espaços, difundir bombas mesmo subindo escadas, detetar minas terrestres e ter capacidade para sobreviver em condições climáticas adversas e difíceis durante muito tempo sem causar quaisquer danos. Como o terror continua a ser sempre o primeiro inimigo da Índia, os robots vão ser utilizados para salvar vidas humanas. Países como a Índia continuam a enfrentar e a confrontar-se com ameaças regulares de terrores. Anteriormente, em Caxemira, várias forças do exército perderam a vida devido a contínuos confrontos, mas atualmente os robôs militares são adquiridos para expulsar as enormes tropas inimigas sem causar qualquer perda ao exército. Os ataques terroristas de Caxemira e de Bombaim demonstraram que, na medida do possível, o futuro da guerra será gerido por robots e máquinas não tripuladas para proteger a vida humana.

3.2 FORMULAÇÃO DE PROBLEMAS

Os robôs militares foram concebidos nas últimas décadas. Com o aumento gradual da tecnologia, foram concebidos vários robots militares que desempenham algumas funções específicas. No entanto, continuam a existir alguns problemas nos robots militares desenvolvidos anteriormente.

- A maioria dos robots anteriores utilizava baterias carregadas como fonte de energia. Assim, torna-se inconveniente utilizar este robô durante um longo período.
- Os robôs de vigilância anteriores apenas detectavam uma ou duas grandezas físicas.
- Nos estudos anteriores, os robots eram controlados apenas através de uma interface remota.
- O alcance da comunicação entre o robô e o utilizador era limitado.

3.3 OBJECTIVOS

3.3.1 Utilizar o painel solar como fonte de energia renovável para o fornecimento de eletricidade

Dado o crescimento contínuo da utilização de recursos energéticos renováveis, este sistema melhora a utilização de recursos renováveis, utilizando a energia solar como fonte principal. O painel solar é um conjunto de células fotovoltaicas que geram corrente eléctrica quando expostas à luz. Estas células fotovoltaicas são geralmente constituídas por um material semicondutor comummente utilizado, o silício, que absorve uma parte específica da luz. Esta corrente combina-se com a tensão e fornece energia ao sistema. O painel solar fornece energia à bateria através do controlador de carga. O controlador de carga é basicamente necessário para evitar a sobrecarga da bateria, fornecendo tensão e corrente reguladas para a bateria que vem do painel solar até que a bateria esteja totalmente carregada. Também aumenta o tempo de vida útil da bateria.

3.3.2 Conceber um sistema robotizado que funcione tanto em modo automático como manual para detetar incêndios, gases nocivos, metais (bombas) e intrusos nas zonas fronteiriças

Atualmente, os robôs automáticos e os robôs controlados à distância têm desempenhado um papel crucial na vigilância das zonas fronteiriças. Com a ajuda de sensores e inteligência incorporados, os robots automáticos podem tomar as suas próprias decisões. Por vezes, o carro-robô fica preso em zonas más ou acidentadas, pelo que temos de o controlar manualmente para que possa sair das zonas desniveladas. A passagem do modo automático para o modo manual é muito rápida. O modo predefinido é o modo automático. O nosso principal objetivo é detetar com precisão minas terrestres, gases nocivos, intrusos e fogo nas zonas proibidas ou fronteiriças com a ajuda de vários sensores. Este sistema robótico está também equipado com uma câmara sem fios, que é necessária para o utilizador o controlar no modo manual. O utilizador altera a trajetória do robô de acordo com a informação visual em tempo real dos arredores fornecida pela câmara equipada no robô. Em ambos os modos, o utilizador poderá ouvir as conversas dos seres humanos nas zonas fronteiriças com a ajuda do microfone incorporado na câmara.

3.3.3 Fazer a interface do robô com o GSM para transmitir mensagens diretamente para o telemóvel do utilizador

Uma vez que este sistema robótico está equipado com vários sensores para assegurar a vigilância nas zonas fronteiriças, quando um dos sensores fica ativo, o veículo robótico alerta as pessoas que se encontram nas proximidades através de um sinal sonoro. O utilizador na zona remota também é alertado através da receção de mensagens de texto do veículo robótico. Estas mensagens de alerta foram transmitidas diretamente para o telemóvel do utilizador através do módulo GSM. Este módulo pode transmitir mensagens a vários utilizadores em simultâneo. O principal objetivo é utilizar o módulo GSM para a transmissão de mensagens de alerta, a fim de aumentar o alcance da comunicação entre o veículo e o utilizador.

3.3.4 Interface do robô com DTMF para controlar o robô à distância através do telemóvel

Este robô de vigilância funciona tanto em modo automático como manual. O sensor ultrassónico é utilizado para conduzir o robô automaticamente. O outro objetivo principal deste robô é aumentar o alcance da comunicação através da qual o robô é controlado manualmente. Para atingir este objetivo, o robô deve ser controlado pelo telemóvel do utilizador. Através do telemóvel, o veículo robótico pode ser controlado em qualquer ponto do país. É necessário um descodificador DTMF para controlar o robô manualmente a partir do telemóvel do utilizador.

Todos os telemóveis geram uma frequência de tom duplo quando se prime uma tecla do teclado. Esta frequência de tom duplo será detectada pelo descodificador DTMF equipado no veículo robótico, que converte este sinal de tom duplo no equivalente binário correspondente e o microcontrolador executa a operação específica de acordo com este sinal binário.

3.3.5 Desenvolver um invólucro totalmente robusto para o produto

Nas zonas fronteiriças, a precisão e a robustez do veículo robótico são o fator mais importante. O nosso veículo robótico deve ser suficientemente robusto para resistir a condições climatéricas adversas durante o máximo de tempo possível. São utilizados motores de binário elevado para este robô de vigilância, de modo a que o robô possa também subir em determinados ângulos e trabalhar em zonas difíceis e não planeadas.

3.4 SÍNTESE DO PROJECTO

Este robô inteligente está totalmente equipado com os seus sensores ultra-sónicos, sensor de obstáculos, detetor de pessoas, detetor de metais, detetor de gases nocivos, detetor de incêndios e câmara sem fios para obter sinais áudio e vídeo em tempo real no computador portátil. O sistema completo do robô tem dois módulos:

- Módulo de deteção
- Módulo de condução

O módulo de deteção é composto por vários sensores que são utilizados para detetar incêndios, gases nocivos, intrusos e bombas.

O módulo de condução é utilizado para conduzir o robô tanto em modo automático como manual. No modo automático, é acionado por meio de um sensor ultrassónico e, no modo manual, é utilizado um descodificador DTMF para controlar remotamente o movimento do robô.

Capítulo 4

METODOLOGIA DE DESENVOLVIMENTO DE SISTEMAS

O presente trabalho descreve o desenvolvimento de um robot de vigilância de fronteiras equipado com vários sensores. Este sistema foi concebido para funcionar tanto em modo automático como em modo manual. Este sistema robótico permite uma comunicação de longo alcance entre o utilizador e o robô de vigilância, transmitindo mensagens de alerta para o telemóvel do utilizador e controlando também manualmente o robô a partir do telemóvel do utilizador. A câmara sem fios montada na parte superior do robô fornece ao utilizador informações visuais dos arredores durante o modo manual. O painel solar torna este robô autoalimentado, fornecendo energia à bateria recarregável. Assim, este sistema também melhora a utilização de recursos renováveis de energia no sistema de vigilância.

Todo este sistema robótico está basicamente dividido em quatro módulos diferentes que têm a sua própria função específica.

1. Módulo de alimentação eléctrica

Módulo de transmissão de vídeoMódulo de detecçãoMódulo de acionamento

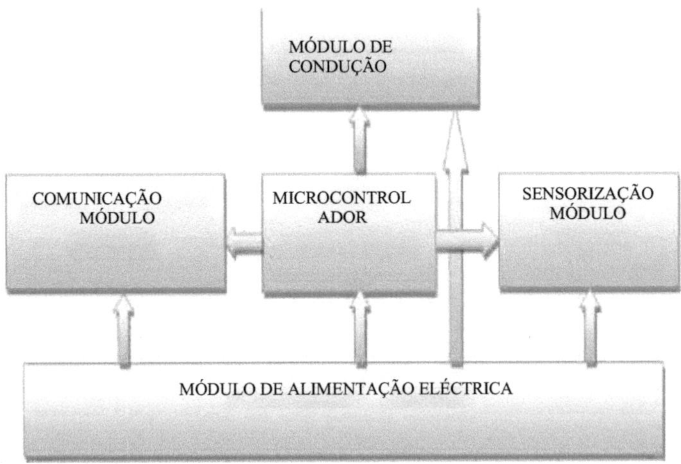

Figura 4.1 Diagrama de blocos básico do sistema

4.1 MÓDULO DE ALIMENTAÇÃO ELÉCTRICA

Este módulo fornece energia a todo o sistema robótico, utilizando o painel solar como fonte principal. Este sistema melhora a utilização de recursos energéticos renováveis para a transmissão de energia. Como a energia solar não está incessantemente disponível para fornecimento, utiliza-se a bateria recarregável para fornecer um fluxo ininterrupto ao sistema robótico, que é carregado pela energia solar através do controlador de carga. O controlador de carga é basicamente necessário para evitar o carregamento excessivo da bateria. Fornece tensão e corrente reguladas à bateria que provém do painel solar até a bateria estar totalmente carregada.

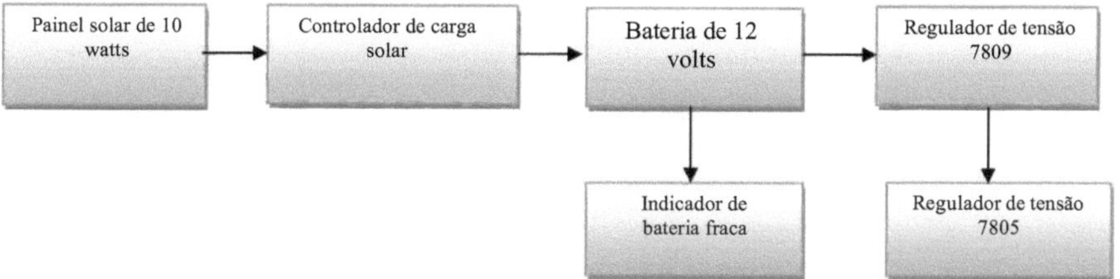

Figura 4.2 Diagrama de blocos do módulo de alimentação eléctrica

4.2 MÓDULO DE DETECÇÃO

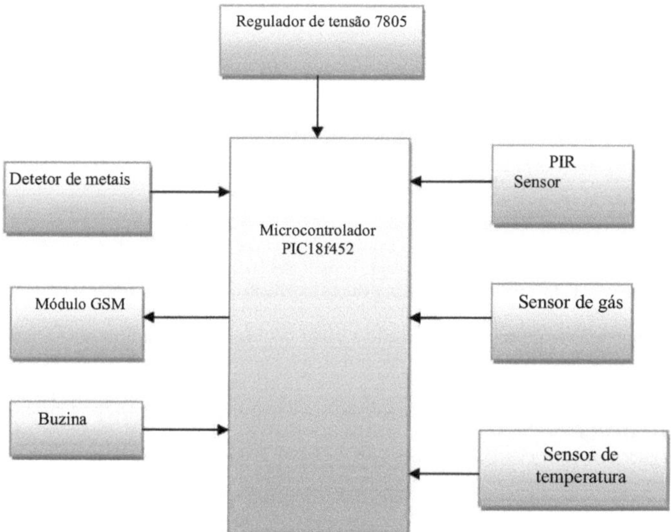

Figura 4.3 Diagrama de blocos do módulo de deteção

Este módulo foi concebido para detetar intrusos, fogo, vários gases e bombas em qualquer área remota, especialmente nas zonas fronteiriças. Quando um dos sensores fica ativo, a informação de alerta é transmitida para o telemóvel do utilizador. Os sensores incluídos neste módulo são o sensor PIR para a deteção de pessoas, o sensor de temperatura (LM35) para a deteção de incêndios, o sensor de gás para a deteção de gases nocivos e o detetor de metais para a deteção de bombas ou outros metais nas zonas fronteiriças. Este sistema também alarga o alcance da comunicação entre o utilizador e o robô na área remota, transmitindo informações de alerta para o telemóvel do utilizador sob a forma de mensagens através do módulo GSM.

4.3 MÓDULO DE CONDUÇÃO

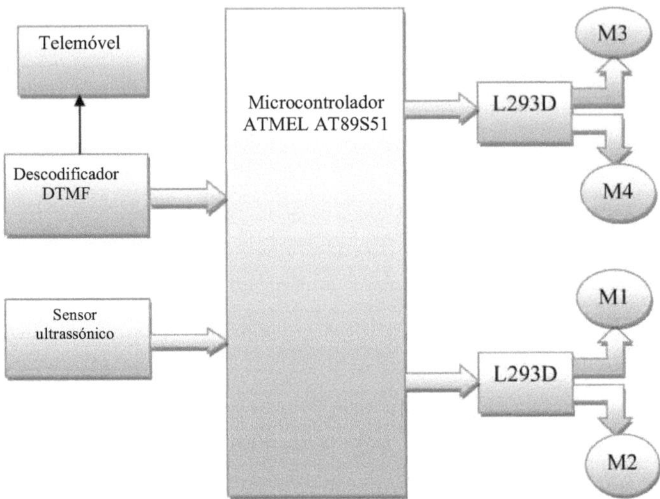

Figura 4.4 Diagrama de blocos do módulo de acionamento

Este sistema funciona tanto em modo automático como manual. No modo automático, este sistema fornece uma resposta imediata a partir dos sensores equipados, utilizando a inteligência da máquina. O sistema efectua a operação de acordo com o algoritmo incorporado durante o modo automático. No modo manual, o utilizador controla o movimento do robô.

No **modo manual,** o movimento do robô é controlado a partir do telemóvel do utilizador. Quando o utilizador prime qualquer tecla do teclado do seu telemóvel, a frequência de tom duplo correspondente a essa tecla é transmitida ao robô e é detectada pelo descodificador DTMF equipado no robô. Este descodificador DTMF converte esta frequência de tom duplo em equivalente binário e o robô executa a operação correspondente a esse equivalente binário.

O modo automático utiliza um sensor ultrassónico para detetar e evitar os obstáculos que se atravessam no seu caminho. Quando o sensor ultrassónico detecta um obstáculo, desloca-se na direção oposta, de acordo com o algoritmo concebido.

4.4 MÓDULO DE TRANSMISSÃO DE VÍDEO

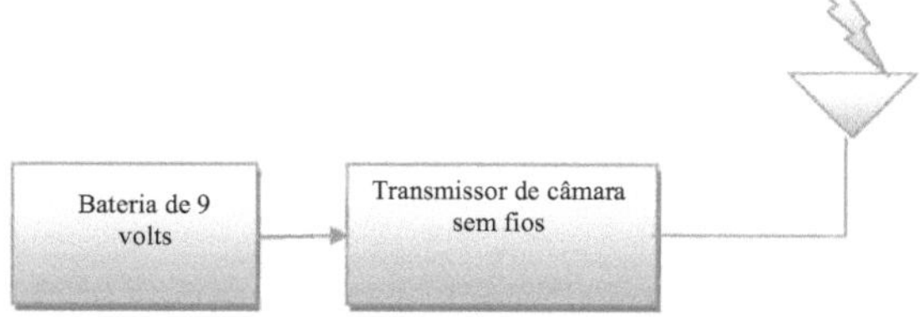

Figura 4.5 Diagrama de blocos da secção do transmissor

A secção do transmissor é constituída por uma câmara sem fios montada na parte superior do veículo robótico. A câmara sem fios tem um transmissor RF incorporado que transmite o vídeo sem fios para o utilizador. Esta câmara sem fios também proporciona visão nocturna.

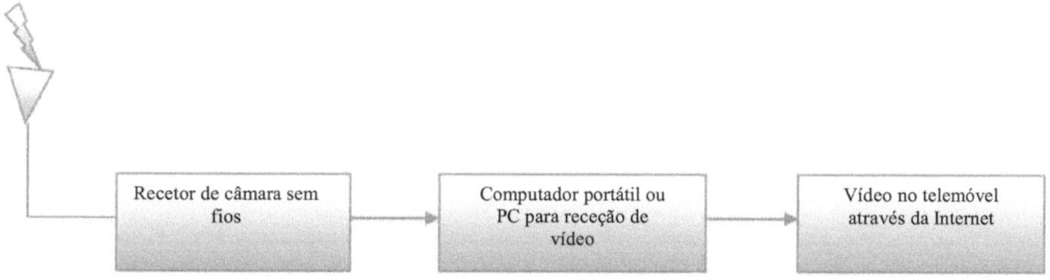

Figura 4.6 Diagrama de blocos da secção do recetor

A secção do recetor é constituída por um recetor de câmara sem fios que está ligado ao computador portátil. O utilizador alterará a trajetória do robô de acordo com a informação visual em tempo real dos arredores fornecida pela câmara equipada no robô. O utilizador poderá ouvir a conversa dos humanos nas zonas fronteiriças com a ajuda do microfone incorporado na câmara.

4.5 DIAGRAMA DE BLOCOS DO SISTEMA ROBÓTICO COMPLETO

Este sistema robótico é constituído por uma rede sensorial que é utilizada para detetar a presença de pessoas, gases nocivos, pistolas, bombas, minas, fogo, etc., em zonas remotas. Nas zonas fronteiriças, a entrada de pessoas desconhecidas é totalmente restrita. Através do sensor PIR (Pyroelectric Infrared Sensor) podemos detetar a presença de qualquer ser humano em zonas proibidas. O detetor de metais é utilizado para detetar metais nas zonas fronteiriças porque as minas, as bombas, as pistolas e os circuitos electrónicos são constituídos por metais. O sensor de temperatura mede a temperatura do ambiente exterior e quando a temperatura ultrapassa os limites específicos, de acordo com o algoritmo de alimentação, o robô envia as mensagens de alerta para o telemóvel do utilizador e este executa uma ação específica para o controlar. A passagem do modo automático para o modo de utilizador é muito rápida e sem qualquer atraso. Para isso, basta premir a tecla 1 do teclado do telemóvel do utilizador.

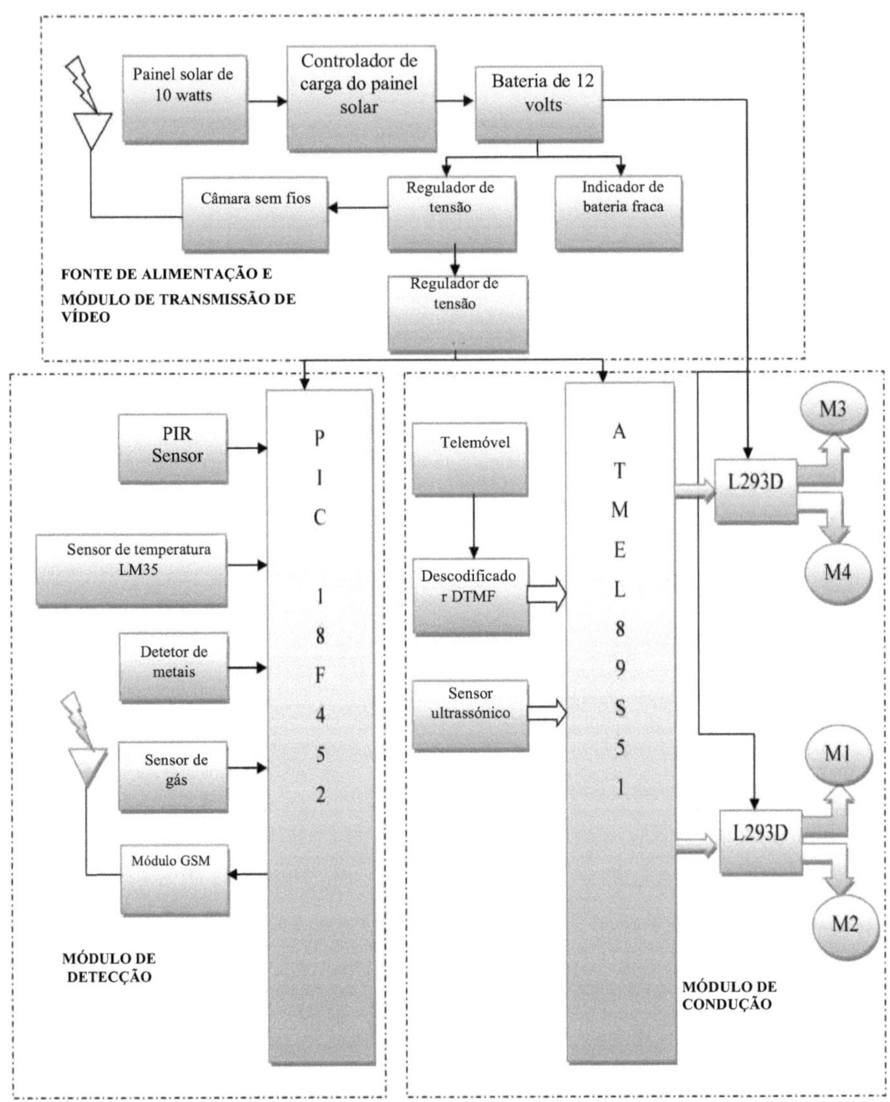

Figura 4.7 Diagrama de blocos de todo o sistema robótico

No veículo robótico, todos os sensores, o módulo GSM está ligado ao microcontrolador PIC e o sensor ultrassónico, os motores DC e o descodificador DTMF estão ligados ao microcontrolador Atmel AT89S52. Quando um dos sensores fica ativo, envia simultaneamente mensagens de alerta para o telemóvel de vários utilizadores.

Todo este sistema robótico funciona basicamente de dois modos

1. Modo automático
2. Modo manual

No modo automático, o sensor ultrassónico é o principal sensor utilizado para detetar os obstáculos no caminho do robô. O sensor ultrassónico é colocado na parte da frente do robô e o sensor de obstáculos é colocado no lado direito do robô. Ambos os sensores funcionam em paralelo e, sempre que há um obstáculo no seu caminho, enviam os sinais para o microcontrolador e, dependendo do algoritmo do microcontrolador, o robô move-se. Quando existe um obstáculo no alcance fixo do sensor ultrassónico na direção da frente e não está presente no lado direito do robô, este desloca-se para o lado direito. O alcance de ambos os sensores é diferente. Quando existe um obstáculo no lado direito do robô e no lado da frente, este desloca-se para o lado esquerdo. O utilizador também observa o robô através de uma câmara sem fios a partir de um local remoto. Todos os sensores funcionam normalmente neste modo. Quando os sensores detectam qualquer desvio em relação aos valores normais, fazem soar a campainha para alertar o utilizador próximo e também transmitem o sinal sem fios ao utilizador remoto, enviando-lhe mensagens de alerta através do módulo GSM. A câmara sem fios envia-nos sinais áudio e vídeo em tempo real dos arredores onde o veículo robótico está a efetuar a sua operação de busca. **No modo de utilizador**, quando o utilizador pretende controlar o robô manualmente, este transmite o sinal à distância através do telemóvel, premindo qualquer tecla do teclado. Todos os sensores de deteção de metais, de deteção de pessoas, de deteção de incêndios e de deteção de gases funcionam normalmente e a câmara sem fios envia os sinais áudio e vídeo para o utilizador sem qualquer atraso. Através da câmara sem fios, o utilizador controla o robô em tempo real. Quando uma tecla é premida no telemóvel, é gerada a frequência de tom duplo correspondente, que é detectada pelo descodificador DTMF do lado do veículo, onde o descodificador gera o equivalente binário correspondente a essa frequência de tom duplo e executa uma função específica. Por vezes, no modo automático, o robô fica preso e não consegue sair da área de busca, pelo que o utilizador pode controlá-lo manualmente através do controlo remoto.

4.6 GRÁFICO DE FLUXO

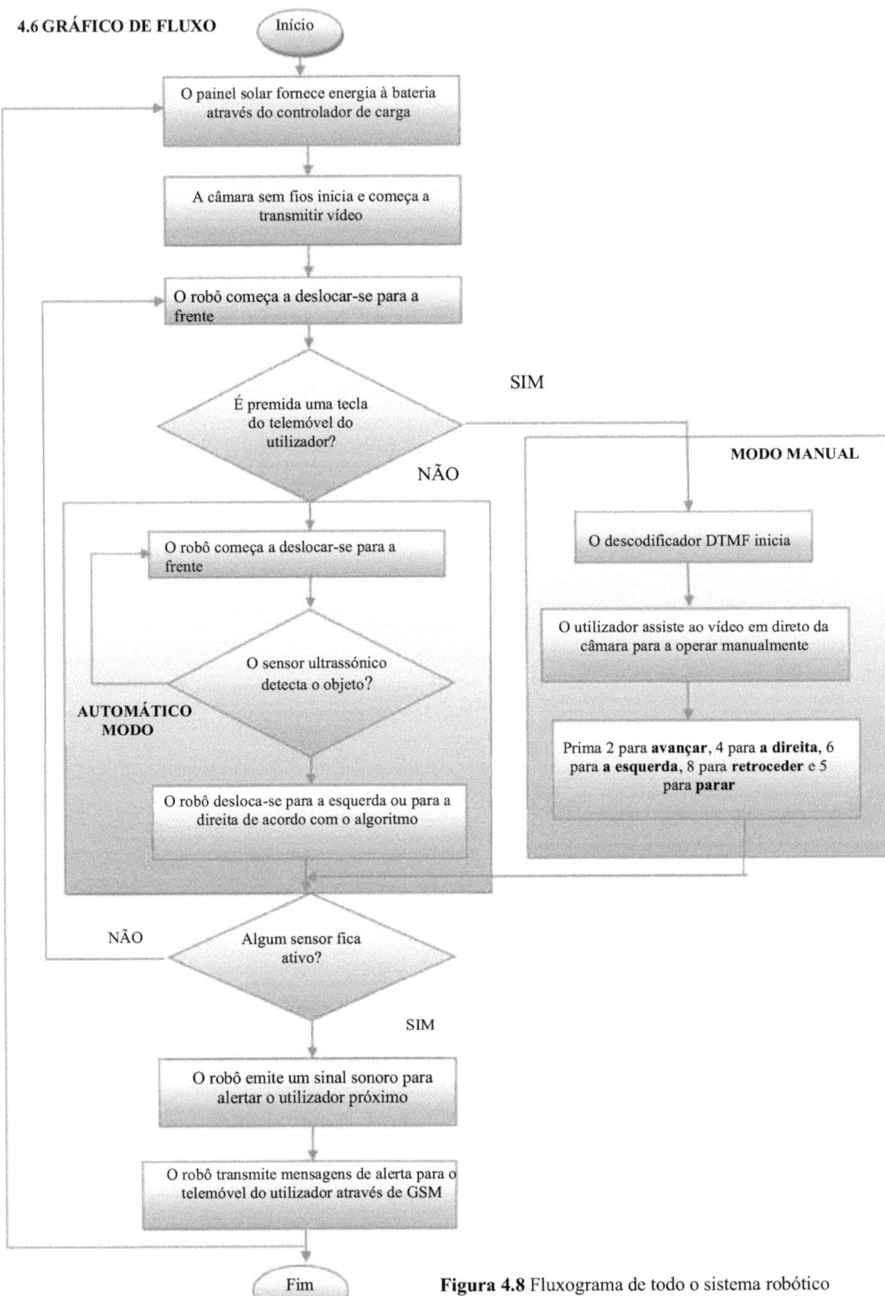

Figura 4.8 Fluxograma de todo o sistema robótico

O painel solar é utilizado para fornecer energia ao robot através do controlador de carga, de modo a fornecer uma alimentação constante à bateria para aumentar o seu tempo de vida útil. Este sistema robótico melhora a utilização de energia renovável como fonte para o sistema de vigilância. A câmara sem fios transmite vídeo em modo automático e manual para permitir ao utilizador observar os arredores do robô, de modo a poder operá-lo manualmente. Inicialmente, o robô começa a avançar até que seja premida qualquer tecla do telemóvel do utilizador.

No modo automático, o robô continua a avançar até o sensor ultrassónico detetar um obstáculo. Se o sensor ultrassónico detetar um objeto, o robô desloca-se para a esquerda ou para a direita de acordo com o algoritmo e, se for premida uma tecla do teclado, entra em modo manual. Quando uma tecla é premida no teclado, gera uma frequência de tom duplo que é detectada pelo descodificador DTMF no lado robótico e gera um equivalente binário correspondente a essa frequência de tom duplo e o controlador executa a operação de acordo com esse equivalente binário.

Todos os sensores funcionam normalmente, tanto em modo automático como manual. Quando um dos sensores fica ativo, o robô emite um sinal sonoro para alertar os soldados e envia também mensagens de alerta aos utilizadores remotos através do módulo GSM. Este processo continua a menos que ou até que a alimentação eléctrica seja fornecida.

Capítulo 5

MODELO DE CONCEPÇÃO DO SISTEMA: DESCRIÇÃO DO HARDWARE

Este capítulo inclui a descrição completa dos componentes utilizados no desenvolvimento do módulo de hardware.

5.1 MODELO DE HARDWARE

Foi feito um esforço para controlar as formações mecânicas com engenharia eletrónica incorporada que, em conjunto, define o termo mecatrónica. Todo este sistema robótico está dividido em quatro módulos diferentes que têm a sua própria função específica.

1. Módulo de alimentação eléctrica
2. Módulo de transmissão de vídeo
3. Módulo de deteção
4. Módulo de condução

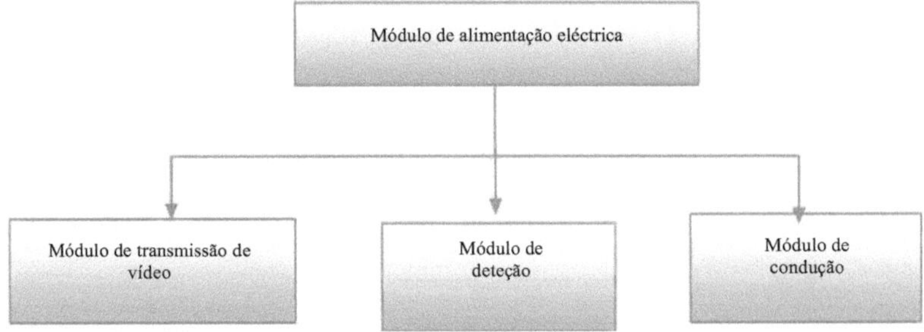

Figura 5.1 Diagrama de blocos básico do sistema

5.2 MÓDULO DE ALIMENTAÇÃO ELÉCTRICA

Este módulo fornece energia a todo o sistema robótico, utilizando o painel solar como fonte principal. Este sistema melhora a utilização de recursos energéticos renováveis para a transmissão de energia. Como a energia solar não está sempre disponível, é utilizada uma bateria recarregável para fornecer um fluxo ininterrupto ao sistema robótico, que é carregado pela energia solar através do controlador de carga[.

5.2.1 Painel solar

Como há um crescimento contínuo na utilização de recursos energéticos renováveis, este sistema também melhora a utilização de recursos renováveis, utilizando a energia solar como fonte principal. O painel solar é um conjunto de células fotovoltaicas que geram corrente eléctrica quando expostas à luz. Estas células fotovoltaicas são geralmente constituídas por um material semicondutor comummente utilizado, o silício, que absorve uma parte específica da luz. Esta corrente combina-se com a tensão e fornece energia ao sistema.

Especificações

- Potência máxima - 10 Watts
- Tensão máxima de alimentação - 17,28 V
- Corrente máxima de alimentação - 0,58A
- Tensão de circuito aberto Voc - 22,30 V
- Corrente de curto-circuito Isc - 0,88A
- Dimensão - 350*290*25mm
- Peso - 1,3Kg
- Temperatura de funcionamento - 40°C a 85°C

Figura 5.2 Painel solar de 10 watts

5.1.1. Controlador de carga solar

O controlador de carga é basicamente necessário para evitar a sobrecarga da bateria, fornecendo tensão e corrente reguladas para a bateria que vem do painel solar até que a bateria esteja totalmente carregada. Também aumenta o tempo de vida útil da bateria. O circuito do controlador de carga é composto por um regulador de tensão ajustável LM317T

Caraterísticas do LM317T

- Corrente máxima de saída - 1,5 A
- Gama de tensão de saída - 1,2 V a 37 V
- Fornecer proteção ao circuito contra sobrecarga térmica
- Proteger o circuito de curto-circuito Interno
- Proporcionar uma área de trabalho segura para a compensação
- Pacote TO-220

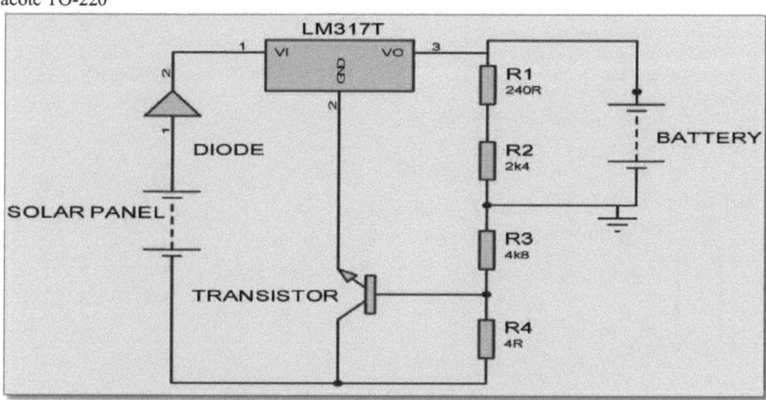

Figura 5.3 Controlador de carga solar

Funcionamento do controlador de carga

A saída do painel solar é fornecida ao LM317T através de um díodo retificador. O díodo fornece um fluxo unidirecional de corrente que se opõe ao fluxo de corrente na direção do regulador para o painel solar. O circuito regulador de tensão é construído através do pino ajustável do regulador de tensão LM317T. O transístor PNP actua como interrutor que protege a bateria de uma sobrecarga.

A base do transístor está ligada ao circuito divisor de tensão e o emissor está ligado ao pino ajustável do regulador de tensão. Quando o painel solar fornece 18V ou mais ao regulador de tensão, o circuito divisor de tensão através do pino ajustável fornece 12 volts à bateria e protege-a de sobrecarga.

5.1.2. Bateria recarregável

Para desenvolver o robô de vigilância portátil, este deve funcionar com uma bateria recarregável. Há várias décadas que as baterias recarregáveis são utilizadas para desenvolver produtos portáteis. São compostas por dois eléctrodos, um positivo e outro negativo. Atualmente, existe uma grande variedade de pilhas recarregáveis.

A bateria de chumbo-ácido é uma das baterias recarregáveis mais baratas em todo o mundo e é mais comummente utilizada em veículos e para UPS em computadores. A outra grande vantagem desta bateria é a sua elevada taxa de descarga. Estas baterias são maioritariamente fornecidas em tamanhos grandes. A outra desvantagem deste robô é o seu tamanho grande, pelo que é inconveniente utilizar estas baterias em robôs de tamanho miniatura.

As baterias de iões de lítio são mais frequentemente utilizadas em computadores portáteis e telemóveis. A principal vantagem desta bateria é o facto de a sua capacidade energética ser elevada em comparação com outras baterias. Assim, estas baterias são mais pequenas em comparação com outras baterias com a mesma capacidade. O seu efeito de memória é nulo, pelo que esta bateria tem de ser drenada antes de ser carregada. Devido ao seu pequeno tamanho, estas baterias são muito mais caras do que outras.

A bateria de níquel-cádmio tem caraterísticas entre as baterias de chumbo-ácido e de iões de lítio. Estas baterias fornecem uma excelente saída de corrente, mas têm de ser completamente descarregadas antes de serem novamente carregadas.

A bateria de níquel-hidreto metálico é a bateria utilizada anteriormente nos telemóveis. Estas baterias demoram muito tempo a carregar e também duram mais do que as outras baterias. Estas baterias têm um efeito de memória quase nulo e carregam até ao fim.

As principais vantagens da utilização desta bateria são as seguintes

- Dura muito tempo após o carregamento.
- Tem uma capacidade elevada.
- Carrega-se facilmente em comparação com outras baterias.
- É conveniente para robôs de pequena e média dimensão.

5.1.3. Regulador de tensão 7809 e 7805

O regulador de tensão é um componente eletrónico comummente utilizado. Os reguladores de tensão mantêm uma tensão constante num sistema elétrico. As flutuações de energia produzem efeitos indesejáveis num sistema eletrónico, pelo que é essencial manter a tensão constante no circuito do regulador de tensão.

Neste sistema robótico, são utilizados dois reguladores de tensão LM7805 e LM7805. O regulador de tensão da série LM78XX com três terminais está disponível na embalagem TO-220 e fornece várias tensões de saída fixas que permitem a sua utilização numa variedade de aplicações. Estes reguladores de tensão são utilizados para limitar a corrente interna, desligar termicamente e colocar o circuito numa área de funcionamento segura. Estes reguladores são também utilizados como componentes externos para fornecer tensão e corrente constantes.

LM7809

Caraterísticas do LM7809

- Faixa de tensão de entrada - 35 a 40 Volts
- Dissipação máxima de energia - 15 watts
- Gama de temperaturas de funcionamento - -20°C a 80°C
- Faixa de tensão de saída - 8,65 a 9,35 Volts
- Corrente máxima de saída - 2,2 Amps
- Limite de corrente de curto-circuito - 2 Amps

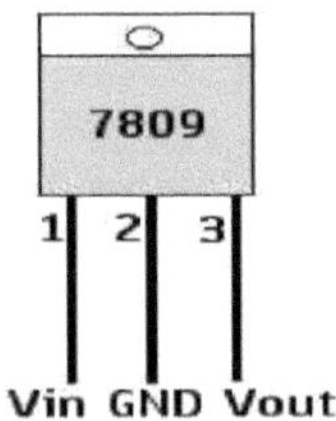

Figura 5.4 Diagrama de pinos do LM7809

LM7805

O 7805 é um circuito integrado baseado num **regulador de tensão**. É um componente da série 78xx com saída de tensão constante. A fonte de tensão pode ter flutuações em qualquer circuito e afetar a tensão de saída. O 7805 fornece uma tensão fixa de +5V à fonte de alimentação regulada.

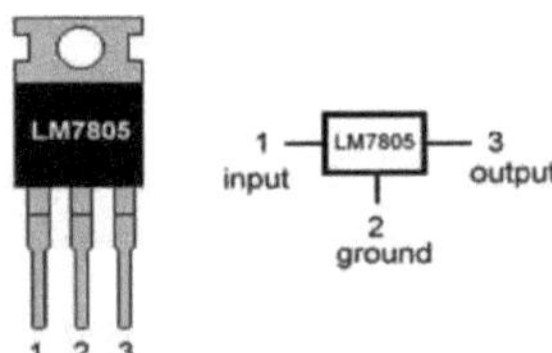

Figura 5.5 Diagrama de pinos do LM7805

Caraterísticas do LM7805

- Faixa de tensão de saída - 4,80 a 5,20 Volts
- Corrente de pico - 2,2 Amps
- Corrente de curto-circuito - 230 mA
- Tensão de descarga - 2 Amps

5.1.4. Indicador de bateria fraca

Este módulo é utilizado para fornecer uma indicação quando a tensão da bateria recarregável é inferior a 12V. Esta indicação pode ser dada através de um LED. Este módulo alerta o utilizador para carregar a bateria para o funcionamento contínuo do robô.

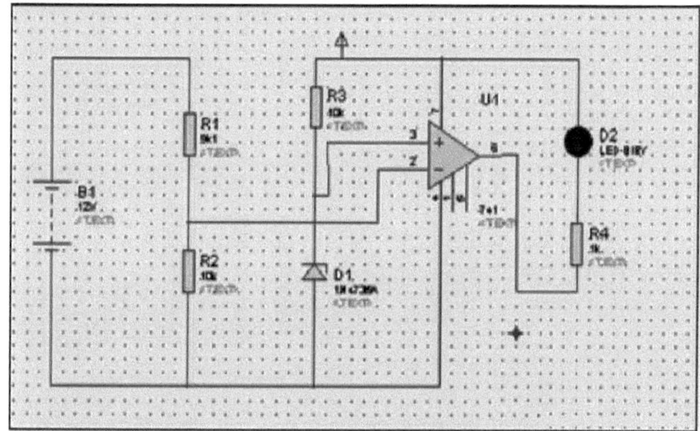

Figura 5.6 Diagrama esquemático do indicador de bateria fraca

Funcionamento

Este componente principal do circuito é o opamp 741, que actua como comparador. O pino de saída fornece uma tensão que é a diferença entre a tensão de entrada não inversora e a tensão inversora. O circuito divisor de tensão é construído entre os pinos inversor e não inversor. O circuito divisor de tensão é selecionado de forma a que, quando a tensão de saída for superior a 12 volts, não dê qualquer indicação, mas se a tensão de saída for inferior a 12 volts, seja indicada por um led brilhante.

5.3 MÓDULO DE DETECÇÃO

Este módulo foi concebido para detetar intrusos, fogo, vários gases e bombas em qualquer área remota, especialmente nas zonas fronteiriças. Quando um dos sensores fica ativo, a informação de alerta é transmitida para o telemóvel do utilizador. Os sensores incluídos neste módulo são o sensor PIR para a deteção de pessoas, o sensor de temperatura (LM35) para a deteção de incêndios, o sensor de gás para a deteção de gases nocivos e o detetor de metais para a deteção de bombas ou outros metais nas zonas fronteiriças. Este sistema também alarga o alcance da comunicação entre o utilizador e o robô na área remota, transmitindo informações de alerta para o telemóvel do utilizador sob a forma de mensagens através do módulo GSM.

5.3.1. Microcontrolador PIC

O microcontrolador PIC foi introduzido em 1989 pela Microchip Technology Corporation. Trata-se de um microcontrolador de 8 bits, o que significa que a CPU trabalha apenas com 8 bits de dados de cada vez. O PIC 18 baseia-se na arquitetura RISC, que oferece várias funções, tais como ROM de programa em circuito integrado, RAM de dados, EEPROM de dados, ADC, USART e portas I/O.

Caraterísticas do microcontrolador PIC

- Todas as memórias, como a RAM, a ROM e a EEPROM, estão em bytes.
- O espaço máximo para o programa ROM é de 2M.
- O espaço máximo para a RAM de dados é de 4K
- O número total de portas de entrada/saída é de 32
- Inclui 4 temporizadores.
- Corrente máxima da fonte/dreno - 25mA
- Fornece externamente três pinos de interrupção
- Possui um conversor analógico-digital de 10 bits com elevada taxa de amostragem
- Define os níveis de prioridade para as interrupções
- Todas as instruções têm 16 bits de largura
- Inclui USART que suporta tanto RS485 como RS232
- Ativa o modo SLEEP para poupar energia
- Consome muito pouca energia, menos de 8mWatts
- Gama de tensão de entrada - 2,2 a 5,5 Volts

Existem 5 portas no microcontrolador PIC em que cada porta está associada a três registos de 8 bits. Estes três registos são TRIS, Latch e PORT.

- **A PORTA A** é uma porta bidirecional com 7 bits de largura. É utilizada como temporizador 0, ADC e para detetar a baixa tensão.
- **A porta B** tem 8 bits para dados com resistências de pull up fracas. É uma porta bidirecional. É utilizada para interrupções, alt CCP2.
- **A porta C** é também uma porta bidirecional com 8 bits de largura. É utilizada como temporizador 1 e 3, comparação de captura, SPI, UART e I2C.
- A porta **D**, tal como todas as outras portas, é também bidirecional com 8 bits de largura. É utilizada como porta de dados paralela escrava.
- **PORT E** é uma porta bidirecional com 3 bits de largura. É utilizada como escravo paralelo para controlar a porta...

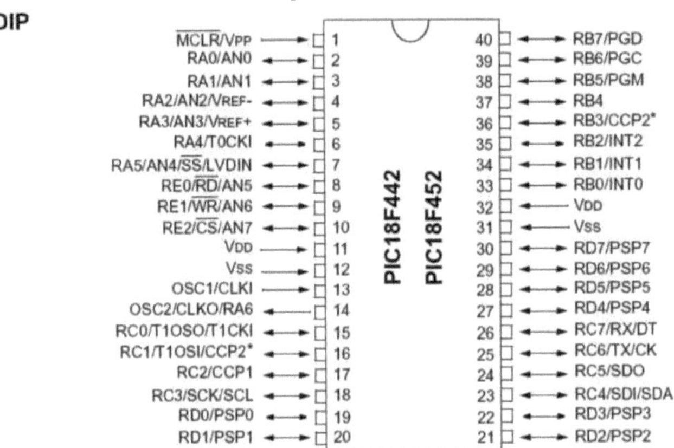

Figura 5.7 Diagrama de pinos do PIC18f452

5.3.2 Sensor PIR

Todos os objectos, incluindo animais e corpo humano, com temperatura acima do zero absoluto emitem calor sob a forma de radiação infravermelha, que é máxima no comprimento de onda de 9,8um. Estas radiações infravermelhas têm um comprimento de onda superior ao da luz visível, pelo que não podem ser vistas, mas podem ser detectadas por um dispositivo eletrónico como o sensor PIR. Estas radiações infravermelhas não podem atravessar o vidro e o plástico, mas atravessam os materiais que contêm silício e germânio, mas com alguma atenuação.

O sensor PIR é também designado por sensor de infravermelhos "passivo" ou "piroelétrico". O sensor PIR é utilizado para detetar o movimento de pessoas dentro do alcance do sensor.

Figura 5.8 Módulo sensor PIR

Descrição dos pinos

Tabela n.º 5.1 Ligação dos pinos do sensor PIR

Pino n.º.	**Nome**	**Descrição**
1.	Vcc	Fonte de alimentação ligada à alimentação +5V DC
2.	Saída digital	A saída é ALTA quando está inativa (sem movimento detectado). O LED é DESLIGADO
3.	Solo	Ligado à terra da alimentação

Caraterísticas

- Módulo completo de sensor PIR coberto com lente Fresnel
- Três pinos para funcionar
- Sensor com saída de tensão de baixo ruído e alta sensibilidade
- Tensão de alimentação: 5V DC
- Pino de saída ativo baixo liga-se diretamente ao microcontrolador
- Alcance de deteção - 5 a 6 metros

Funcionamento: O funcionamento do sensor PIR baseia-se no fenómeno chamado piroeletricidade, no qual o material cristalino gera uma carga eléctrica superficial quando exposto à radiação infravermelha. O sensor PIR contém um filtro especial chamado lente de Fresnel, geralmente feito de polietileno, utilizado para focar a radiação infravermelha nos elementos do sensor. Quando um corpo humano entra no raio de ação do sensor, a quantidade de radiação infravermelha que incide sobre o sensor altera-se, o que faz com que a carga produzida no sensor também se altere, o que pode ser detectado pelo dispositivo FET incorporado no sensor. Estas alterações são ainda reforçadas por um amplificador que indica a presença de um ser humano no seu raio de ação.

5.3.3 Detetor de metais

O detetor de metais funciona com base no princípio da indução electromagnética para detetar os objectos metálicos que se encontram nas suas imediações. É constituído por um oscilador no qual é gerado um campo magnético quando a corrente passa através dele. Em seguida, funciona como uma bobina e, se um objeto metálico estiver próximo, esta corrente começa a subir e alerta o utilizador através da deteção de objectos metálicos.

Pino Descrição

Tabela n.º 5.2 Ligação dos pinos do detetor de metais

Pino n.º.	**Nome**	**Descrição**
1.	Vcc	Fonte de alimentação ligada à alimentação +5V DC
2.	Saída digital	A saída é BAIXA quando é detectado metal e o LED acende-se.

3.	Solo	Ligado à terra da alimentação

Caraterísticas

- Alcance máximo de deteção - 6 a 7 cm
- O alcance da operação varia de acordo com o tamanho do objeto metálico.
- Consumo máximo de energia: 50mA
- Utilizou um LED e um sinal sonoro para indicar a deteção
- Fornecer uma saída digital ligada diretamente ao microcontrolador.
- Conceção completa SMD

Funcionamento

O circuito do oscilador indutivo é conhecido como o coração do sensor. A principal função deste sensor é determinar a perda de corrente na bobina devido à alta frequência. O circuito detecta os objectos metálicos através de variações nas perdas de corrente de Foucault devido à alta frequência. Funciona também como oscilador quando combinado com um circuito externo sintonizado. Quando um objeto metálico é detectado, há uma alteração na corrente de alimentação que dá origem ao sinal de saída. Esta corrente não depende da tensão de alimentação. Esta corrente varia consoante a tensão de alimentação, sendo alta ou baixa consoante a existência ou ausência de um objeto metálico. A corrente de saída aumenta se a bobina magnética procurar um objeto metálico e diminui se o objeto magnético estiver afastado da bobina.

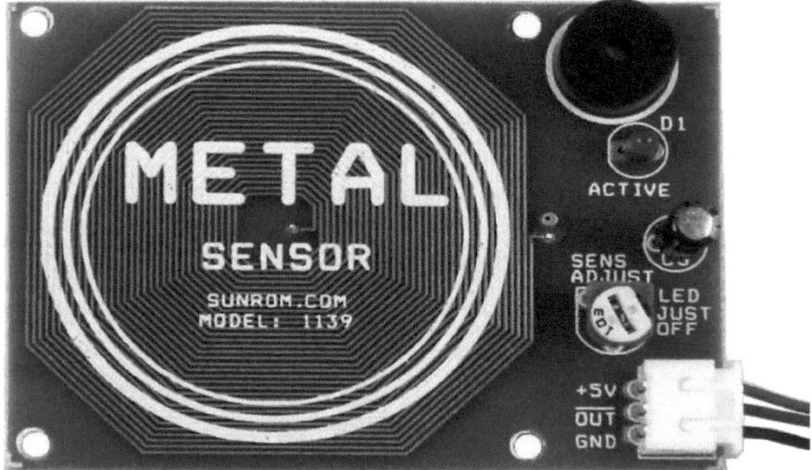

Figura 5.9 Módulo detetor de metais

5.3.4 Sensor de gás

O detetor de gás é um dispositivo que mede a concentração de vários gases presentes na atmosfera. Este dispositivo também é utilizado para detetar fugas de gases nocivos como o GPL, o iso-butano, o propano e os gases combustíveis LNG para evitar explosões tóxicas e incêndios. Os detectores de gás são normalmente alimentados por pilhas para uma utilização conveniente. Alguns detectores de gás também estão equipados com luzes e alarmes para alertar as pessoas nas proximidades. Este detetor de gás é utilizado em várias indústrias petrolíferas e áreas de combate a incêndios.

Cada gás tem a sua própria tensão de rutura à qual é ionizado. Se os gases excederem o seu nível de tensão, são detectados. O detetor de gás é utilizado em várias aplicações, como em indústrias, oficinas de soldadura, centrais nucleares e estações de tratamento de águas residuais. O sensor de gás combustível fornece uma saída analógica ao microcontrolador, que é posteriormente convertida em digital para processamento.

Pino Descrição

Quadro n.º 5.3 Ligação dos pinos do sensor de gás

Pino n.º.	**Nome**	**Descrição**

1.	Vcc	Fonte de alimentação ligada à alimentação +5V DC
2.	Saída analógica	O microcontrolador converte esta saída analógica em PPM PPM = Tensão analógica x 2
3.	Solo	Ligado à terra da alimentação

Caraterísticas

- Fornecer uma saída analógica ao microcontrolador
- É altamente sensível para detetar GPL, isobutano e propano.
- É menos sensível ao álcool e ao fumo.
- Dar resposta em poucos segundos
- Desempenho preciso e vida útil prolongada.

Figura 5.10 Módulo sensor de gás

5.3.5 Sensor de temperatura

É utilizado para detetar a temperatura do ambiente circundante, a fim de fornecer um resultado preciso ao utilizador. O LM35 é o sensor de temperatura de circuito integrado mais comummente utilizado. Fornece uma tensão de saída que varia linearmente com a temperatura em graus Celsius. Não necessita de qualquer calibração externa.

Pino Descrição

Tabela n.º 5.5 Ligação dos pinos do sensor de temperatura

Pino n.º.	**Nome**	**Descrição**
1.	Vcc	A tensão de alimentação é de +5 volts (+35V a -2V)
2.	Saída analógica	A gama de tensão de saída é de +6V a -1V

3.	Solo	Ligado à terra da alimentação

Caraterísticas

- Calibrado diretamente em Celsius
- O fator de escala é linear - +10mV C°
- A gama de temperaturas é de -55 a 150 C°
- A gama de tensão de entrada é de 4 a 30 Volts
- Corrente de drenagem mínima de 60uA
- Corrente máxima de saída - 10mA
- Mantém a precisão de +/- 4° C à temperatura ambiente e +/- 8° C na gama de 0 a 100 C°

Figura 5.11 Sensor de temperatura

5.3.6 Módulo GSM

O módulo GSM funciona como um telemóvel normal com um número de telefone único. Tem uma porta RS232 que lhe permite ligar-se diretamente a um computador portátil ou PC. Tem também pinos de transmissão e receção que lhe permitem ligar-se ao microcontrolador. Tem uma variedade de aplicações, como o controlo de SMS, a transferência de dados e o sistema de controlo através de localização remota. Este módulo também fornece as caraterísticas do GPRS que lhe permite ligá-lo à Internet. Para enviar ou receber mensagens, este módulo GSM utiliza comandos especiais denominados "Extended AT commands" (comandos AT alargados).

Especificações

- Tensão DC de entrada - 12Volts
- Corrente DC de entrada mínima - 1 A
- Gama de temperaturas - -25^0 C a 55^0 C
- Consumo de corrente durante o funcionamento normal - 250mA
- Velocidade de transmissão na porta série - 1200 a 112500bps

Caraterísticas do GSM Sim300

- GSM Sim300 baseado em TRI-Band
- Funcionamento nas frequências EGSM 900, DCS 1800, PCS 1900
- O módulo GSM de banda quádrupla tem uma função plug and play altamente flexível
- Utilizar comandos AT para fins de controlo
- Foi concebido com uma técnica que permite poupar energia.
- Durante o modo de suspensão, o consumo de corrente é muito reduzido, ou seja, 2,5 mA
- Controlo à distância através de SMS
- Enviar alertas por SMS
- Monitorização dos sensores
- Simples de operar e menos dispendioso

Figura 5.12 Módulo GSM

Neste sistema robótico, o GSM é basicamente utilizado para enviar as mensagens de alerta ao utilizador, utilizando os seguintes comandos AT

- ATE0 para Echo Off
- ATE1 para Echo On
- ATD para chamar um número
  Sintaxe: ATD 9914752356
- ATA para atender uma chamada recebida
- AT+CMGS para envio de mensagens
  Sintaxe: AT+CMGS "991475236" Digite a mensagem e, em seguida, prima ctrl+Z
  Se a mensagem for enviada com êxito, a mensagem será apresentada no ecrã.
- AT+CMGR para leitura de mensagens em modo Texto
  Sintaxe: AT+CMGR = 1
- AT+CMGD para apagar mensagens
  Sintaxe: AT+CMGD = 1

5.3.7 Buzina

A campainha piezoeléctrica é um dispositivo de sinalização eletrónica utilizado principalmente para produzir som. A campainha piezoeléctrica baseia-se no princípio de inversão da eletricidade piezoeléctrica, no qual, quando se aplica uma força mecânica ao material piezoelétrico, é produzida eletricidade. Assim, quando o campo elétrico é aplicado ao material piezoelétrico, este é comprimido ou expandido em função da frequência do sinal e produz som.

Figura 5.13 Sinal sonoro

Especificações

- Tensão de funcionamento - 2 a 5 Volts
- Frequência de acionamento - 4096 hz
- Pressão do som - 80 db
- Corrente nominal máxima - 60 mA
- Gama de temperaturas de funcionamento - -20 a 70 C°
- Resistência DC

5.4 MÓDULO DE ACCIONAMENTO

Este sistema funciona tanto em modo automático como manual. No modo automático, este sistema fornece uma resposta imediata a partir dos sensores equipados, utilizando a inteligência da máquina. O sistema efectua a operação de acordo com o algoritmo incorporado durante o modo automático. No modo manual, o utilizador controla o movimento do robô. Quando o utilizador prime qualquer tecla do teclado do seu telemóvel, a frequência de tom duplo correspondente a essa tecla é transmitida ao robô, sendo detectada pelo descodificador DTMF equipado no robô.

5.4.1 ATMEL AT89S51

Atualmente, os microcontroladores são uma ferramenta importante para trabalhar no domínio da robótica. O microcontrolador 8051 foi desenvolvido pela ATMEL Cooperation.

Caraterísticas

- Totalmente compatível com os produtos MCS
- Contém In - Memória Flash programável pelo sistema de 4K Bytes
- Necessita de 1000 ciclos de escrita/apagamento para continuar a existir
- Gama de tensão de funcionamento de 4,0 a 5,0V
- Gama de funcionamento totalmente estático - 0 Hz a 33 MHz
- Ativa o bloqueio de memória para o programa de memória de três níveis
- Ram interna de 128 x 8 bits
- Tem linhas de E/S programáveis de 32 bits
- Dois temporizadores/contadores programáveis de 16 bits
- O temporizador Watchdog permite poupar energia
- UART para comunicação em série
- Consome muito menos energia durante o modo inativo e os modos de desligamento

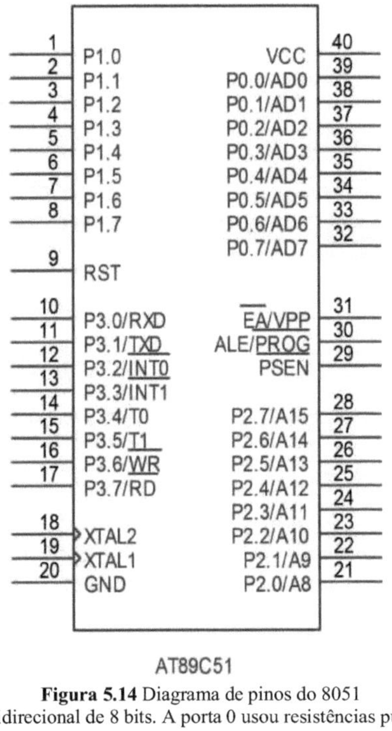

AT89C51

Figura 5.14 Diagrama de pinos do 8051

A porta 0 é uma porta de E/S bidirecional de 8 bits. A porta 0 usou resistências pull up internas durante a verificação do programa

A porta 1 é uma porta E/S bidirecional de 8 bits. Contém 1 a 3 resistências de pull-up internas. A porta 1 também é utilizada como byte de endereço de ordem inferior durante a programação e verificação Flash.

A porta 2 é uma porta E/S bidirecional de 8 bits com pull-ups internos. A porta 2 também processa os bytes de endereço de ordem superior e vários sinais de controlo durante a programação e verificação Flash.

A porta 3 é uma porta E/S bidirecional de 8 bits com pull-ups internos. Os pinos da porta 3 que são elevados, dando-lhes 1s pelos pull-ups internos, podem ser utilizados como entradas.

Figura 5.15 Motor de corrente contínua

5.4.2 Motor CC e controlador de motor L293D

Os motores CC convertem basicamente sinais eléctricos em movimento mecânico. Ao contrário do motor de passo, é um motor não polarizado que não tem qualquer efeito ao inverter a polaridade. Se os cabos positivo e negativo estiverem ligados à mesma polaridade, o motor move-se para a frente e, ao inverter a polaridade, move-se na direção oposta. O motor CC baseia-se no princípio de que o condutor que transporta a corrente experimenta um binário quando está localizado no campo magnético. Esta ação é designada por ação motriz.

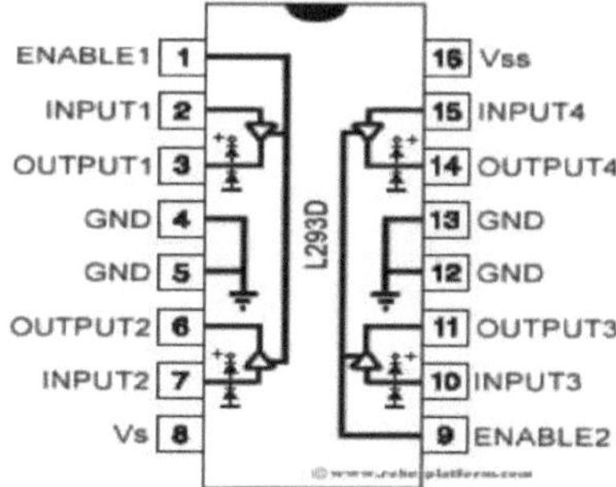

Figura 5.16 Diagrama de pinos do L293D

Controlador de motor L293D

O L293D é um driver de motor DIP IC de 16 pinos usado para controlar dois motores DC bidirecionais ao mesmo tempo. Pode controlar motores de pequeno e grande porte. Funciona com base no princípio da ponte H. Um único L293D contém dois circuitos de ponte H cuja função principal é rodar o motor no sentido dos ponteiros do relógio ou no sentido contrário ao dos ponteiros do relógio. Para acionar dois motores a partir de um único L293D 1 e 9, ambos os pinos de ativação devem estar altos. A direção dos motores pode ser alterada aplicando entradas diferentes aos pinos 2, 7, 10 e 15

Tabela n.º 5.6 Direção de rotação do motor CC

PIN 2,10	**PIN 7,15**	**Direção do motor**
Lógica 1	Lógica 0	No sentido dos ponteiros do relógio
Lógica 0	Lógica 1	Sentido anti-horário
Lógica 0	Lógica 0	Sem rotação
Lógica 1	Lógica 1	Inativo (sem rotação)

5.4.3 Sensor ultrassónico

O sensor ultrassónico é basicamente um transdutor que transforma a energia em ondas sonoras que não estão dentro do alcance audível dos seres humanos. O princípio básico do sensor ultrassónico é o mesmo que o do radar e do sonar, em que transmite sinais sonoros de alta frequência e determina as ondas de eco que são recebidas, as quais interagem com os obstáculos. Este sensor também determina a distância do obstáculo avaliando o tempo entre a transmissão e a

receção das ondas.

Figura 5.17 Sensor ultrassónico

Especificações

- Tensão DC de entrada - 5 V
- Corrente estática mínima - 2mA
- Gama de tensão de saída - 0 a 5V
- ângulo máximo de rotação do sensor - 15 graus
- Alcance de deteção de objectos - 2 a 450 cm

Este módulo é composto por um transmissor ultrassónico, um recetor e um circuito de controlo. O princípio de funcionamento do sensor ultrassónico é

1. Fornecer um impulso de disparo de nível elevado ao pino de entrada durante um mínimo de 10us
2. Este módulo transmite automaticamente oito sinais de 40 kHz que são utilizados para detetar os objectos que se encontram no seu caminho.
3. Se detetar o objeto, envia o sinal de volta para o sensor através de um nível elevado
4. Em seguida, calcula o tempo entre a transmissão e a receção do impulso para fornecer a distância do objeto ao sensor.

Distância = (tempo de nível elevado x velocidade do som)/ 2

5.4.4 Descodificador DTMF MT8870

O DTMF [16] é conhecido como Dual Tone Multi Frequency (multifrequência de tom duplo), que é gerado pelo telemóvel quando uma tecla é premida. Quando uma tecla é premida no teclado, é feita uma ligação entre os tons de linha e coluna. Assim, a frequência da linha e da coluna combinam-se para formar o tom duplo frequência. Este tom duplo é utilizado para determinar qual a tecla premida. O descodificador DTMF MT8870 está ligado ao microcontrolador para determinar estas frequências de tom duplo. O descodificador converte estas frequências de tom duplo em equivalentes binários correspondentes e introduz estas frequências no controlador. Em seguida, o controlador efectua a operação correspondente a esse equivalente binário.

Dual-Tone Multi-Frequency (DTMF) table of frequency combinations

"High Group" frequencies [Hz]

"Low Group" frequencies [Hz]	1209	1336	1477	1633	
697	1	2	3	A	(Row 1)
770	4	5	6	B	(Row 2)
852	7	8	9	C	(Row 3)
941	*	0	#	D	(Row 4)
	(Column 1)	(Column 2)	(Column 3)	(Column 4)	

Figura 5.18 Tom duplo gerado pelo telemóvel

Caraterísticas

- Tensão de funcionamento da entrada - 5 V
- Corrente mínima de funcionamento - 100mA
- Consome menos energia
- Funciona tanto no modo de desativação como no modo de inibição
- Contém um amplificador para definir o ganho interno

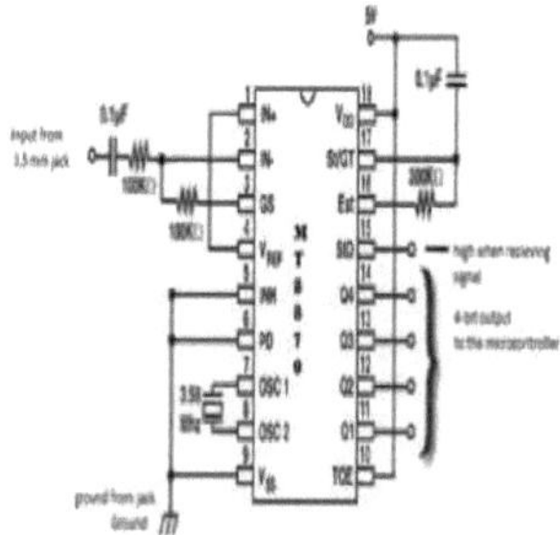

Figura 5.19 Diagrama de pinos do MT8870

5.5 MÓDULO DE TRANSMISSÃO DE VÍDEO

A secção do transmissor é constituída por uma câmara sem fios montada na parte superior do veículo robótico. A câmara sem fios tem um transmissor RF incorporado que transmite o vídeo sem fios para o utilizador. Esta câmara sem fios também proporciona visão nocturna.

A secção do recetor é constituída por um recetor de câmara sem fios que está ligado ao computador portátil. O utilizador altera a trajetória do robô de acordo com a informação visual em tempo real dos arredores fornecida pela câmara equipada no robô. O utilizador poderá ouvir a conversa dos humanos nas zonas fronteiriças com a ajuda do microfone incorporado na câmara.

5.5.1 Câmara sem fios

A câmara sem fios envia sinais de áudio e vídeo para os utilizadores remotos. A câmara possui um transmissor sem fios incorporado, através do qual os sinais são transmitidos sem fios para o recetor. O seu funcionamento é idêntico ao do rádio. A câmara sem fios também tem um canal. O recetor é sintonizado num determinado canal para receber os sinais áudio e vídeo que são transmitidos pelo robot para o controlar no modo manual. Esta câmara funciona na frequência de 2,4 GHz. É uma câmara a cores baseada num sensor CMOS. A câmara CMOS consome muito menos energia e oferece uma resolução elevada.

Caraterísticas

- Fornecer vídeo a cores em tempo real e em movimento total sem qualquer atraso
- Tensão de funcionamento do transmissor da câmara - 9 a 12V
- Ligações de vídeo complexas no recetor
- Resolução máxima - 380 linhas de TV
- Iluminação mínima - 3 lux
- Fácil de instalar e iniciar com o adaptador
- Fornecer áudio e vídeo ao computador portátil através da placa sintonizadora
- Tensão de funcionamento do recetor - 12 Volts
- Alcance máximo de 150 pés sem obstáculos
- O microfone incorporado tem uma frequência de saída de 2,450 GHz

Figura 5.20 Câmara Av. sem fios

Capítulo 6

MODELO DE CONCEPÇÃO DO SISTEMA: CONFIGURAÇÕES DE SOFTWARE

O software é uma parte essencial de qualquer sistema eletrónico; tem a capacidade de interagir com o hardware para executar várias funções, que são responsáveis pelo controlo de vários parâmetros. No sistema em causa, os diferentes programas informáticos são utilizados para os seguintes módulos:

- mikroC PRO para módulo de deteção
- Software Keil para o módulo de condução

6.1 mikroC PRO PARA MICROCONTROLADOR PIC

O PIC é o chip de 8 bits mais aceite e mais utilizado no mundo para uma variedade de aplicações O mikroC PRO for PIC *é um* compilador ANSI C completo para componentes *PIC*. Foi desenvolvido pela Microchip. Oferece a melhor resolução para a conceção do código para componentes baseados em PIC. . Oferece várias funcionalidades, tais como IDE instintivo, compilador predominante com optimizações complexas, muitas bibliotecas de hardware e software e ferramentas adicionais que fornecem ajuda ao utilizador.

6.1.1 Caraterísticas do mikroC PRO para PIC

O mikroC PRO para PIC permite as seguintes aplicações complexas:

- Escreva código-fonte C que inclua parâmetros e assistentes de código, dobragem de códigos, alta iluminação de sintaxe, correção automática de código utilizando a janela integrada do Editor de Código
- Inclui a utilização das bibliotecas PIC do mikroC PRO para aumentar a velocidade de desenvolvimento do projeto, aquisição de dados, elementos de memória, visualização de caracteres, conversões e comunicação.
- Monitorizar a estrutura do programa, as diversas variáveis e funções utilizadas na janela Code Explorer.
- Gerar comentários humanamente aceitáveis em assembly e também em HEX, o que é compatível com todos os programadores.
- Para determinar a execução do programa do hardware desenvolvido, utiliza-se a ferramenta de depuração em tempo real conhecida como mikroICD integrado (In-Circuit Debugger).
- Examinar o fluxo do programa e utilizar o Simulador de Software integrado para depurar a lógica executável e reduzir os erros.

6.1.2 Visão geral do IDE

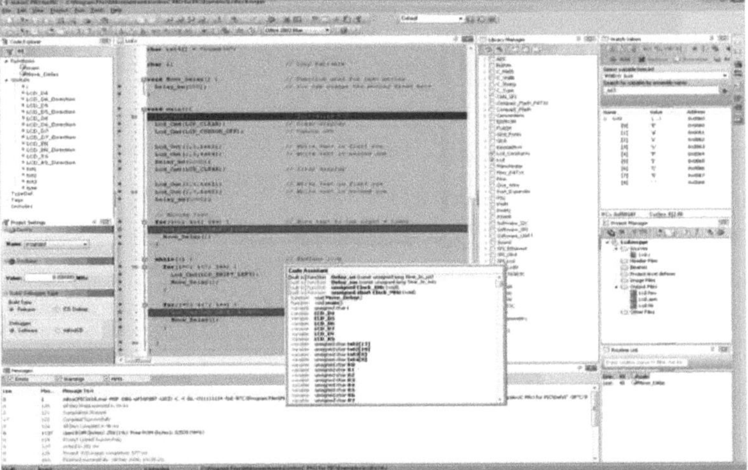

Figura 6.1 mikroC PRO para PIC IDE

As caraterísticas da janela do editor de código incluem Realce da sintaxe, Dobragem de códigos, Associação de código e parâmetros, Correção automática de tipos comuns de códigos e também fornece modelos para vários códigos.

- A disponibilização do Code Explorer para simplificar a gestão do projeto.
- O gestor de projectos gere simultaneamente vários projectos.
- A janela Configurações do projeto fornece as configurações gerais do projeto.
- As bibliotecas que são utilizadas no desenvolvimento do projeto são simplesmente geridas pelo gestor de bibliotecas.
- Todos os erros que são examinados durante a compilação e a ligação são mostrados na Janela de Erros.
- Para depurar a lógica executável gradualmente ou passo a passo, é necessário o Simulador de Software ao nível da fonte.

6.1.3 Ficheiros de saída mikroC for PIC fornece a saída em vários formatos

Tabela n.º 6.1 Formatos de ficheiro de saída do mikroC PRO

Formato	**Descrição**	**Tipo de ficheiro**
IntelHEX	Registos hexadecimais ao estilo Intel. Utilize este ficheiro para programar o PIC MCU.	.hex
Binário	Biblioteca compilada Mikro. Distribuição binária da aplicação que pode ser incluída noutros projectos	.mcl
Ficheiro de lista	Visão geral dos endereços de instruções, registos, rotinas e etiquetas de atribuição de memória do PIC.	,lst
Ficheiro de montagem	Conjunto legível por humanos com nomes simbólicos, extraído do ficheiro de listas.	.asm

6.2 SOFTWARE KEIL PARA ATMEL AT89S51

O software Keil é utilizado para implementar o software para o sistema de hardware desenvolvido. Com a ajuda desta ferramenta, a geração de código para o 8051 e o 251 torna-se mais fácil para uma variedade de aplicações. A ferramenta mais utilizada para o 8051 e o 251 da Keil é o **^Vision** for Window IDE (Integrated Development Environment)

O ii\'ision4 Integrated Development Environment é um IDE que inclui um gestor de projectos, configuração de ferramentas, janela para edição e um depurador influente. O ii\'ision4 é utilizado para escrever e compilar o código para vários projectos baseados no 8051. Pode converter tanto a linguagem de montagem como o código C num ficheiro hexadecimal. O software Keil é composto pelos seguintes ficheiros:-

- Ficheiro de controlo do ligador - Este ficheiro tem a forma de texto que é passado pelo |iVision4 ao ligador. Este ficheiro de controlo é composto por todas as diretivas, ficheiros de objectos e vários ficheiros de bibliotecas que são incluídos no ficheiro de saída.
- Ficheiro de mapa - Este ficheiro é gerado pelo ligador.
- Alvo do projeto - Um alvo é basicamente um programa executável que é criado para os projectos desenvolvidos com base na família 8051. Os alvos podem ser sem otimização e com otimização completa.
- Grupo de ficheiros de origem - Num projeto, o grupo é um número de ficheiros de origem que compõem o destino do projeto. Embora possa especificar individualmente as opções do conjunto de ferramentas para um ficheiro, um grupo permite-lhe aplicar as mesmas opções a um grupo de ficheiros de origem. As opções para um grupo podem ser diferentes das opções para o destino.

Capítulo 7

CONCEPÇÃO E FABRICO DE PLACAS DE CIRCUITO IMPRESSO

Este capítulo descreve o software utilizado para projetar e fabricar a placa de circuito impresso. A conceção da PCB inclui vários passos para desenvolver a disposição do hardware. O desenvolvimento da placa de circuito impresso do hardware é uma das partes mais indispensáveis deste livro, no qual são discutidas várias considerações de design.

7.1 ORCAD

É necessária uma ferramenta para desenvolver o esquema e a disposição do hardware e a ferramenta mais utilizada para este efeito é o ORCAD. Depois de todos os módulos terem sido devidamente testados e incorporados na placa de circuito impresso geral e de o hardware completo do produto ter sido desenvolvido, para garantir a sua fiabilidade, é desenvolvido um protótipo profissional, denominado placa de circuito impresso, que é concebido utilizando o software específico ORCAD.

7.1.1 Caraterísticas do ORCAD

- O ORCAd fornece uma variedade de operações RATS para o projeto de PCB.
- Mostrar também nomes de redes utilizando várias funções de nomes de redes incorporadas
- Também tem a capacidade de produzir modelos 3D de design de hardware
- Fornecer funções de encaminhamento e deslizamento de grupos para a conceção de uma PCB
- Fornecer ligação entre várias formas utilizando vários parâmetros de forma
- Fornecer dois tipos de formas utilizadas na conceção de PCB: dinâmicas e estáticas
- Utilizado para criar várias formas e círculos para desenhar uma PCB.
- Na janela do editor de placas de circuito impresso, gera a película de trabalho artístico
- Para evitar o problema de fabrico, fornece novas funções de entrada de teclado
- Também permite editar as formas
- Tem também a possibilidade de criar trajectos em curva.

7.1.2 Diagrama esquemático

O primeiro passo do desenho de PCB inclui o desenho esquemático do produto de hardware. O desenho esquemático proporciona uma melhor demonstração visual de todas as ligações entre os componentes do circuito eletrónico. É fácil desenvolver um diagrama esquemático utilizando o ORCAD. O ORCAD já contém os vários componentes que são utilizados para a conceção de circuitos electrónicos. No diagrama esquemático, começamos por selecionar os componentes, depois colocamo-los e, por fim, estabelecemos a ligação entre os componentes através de fios.

7.1.3 Conceção de PCB

Uma placa de circuitos impressos (PCB) é concebida para reconhecer um circuito elétrico substancial. Uma placa de circuito impresso contém componentes eléctricos e proporciona conetividade entre esses componentes. Uma placa de circuito impresso contém várias camadas em que cada camada é constituída por um substrato não condutor e é ainda revestida com uma laminação de cobre condutor em dois lados. Esta laminação de cobre é impressa de forma suspeita para afastar os caminhos de sinal de cobre necessários, que fornecem a ligação física entre os vários componentes. Um painel específico de duas camadas tem uma laminação de cobre na parte inferior e superior do substrato. As vias são utilizadas para estabelecer a ligação entre os componentes da camada superior e a camada inferior do substrato. Um VIA pode ser formado fazendo um furo de lado a lado da placa e revestindo-o com a substância mais condutora. Assim, qualquer caminho de sinal que entre em contacto com o orifício será ligado eletricamente através da via.

O processo de conceção de PCB divide-se em duas partes

1. Desenho esquemático
2. Disposição do quadro.

A conceção esquemática divide-se em duas etapas: a primeira é a criação do símbolo esquemático e a segunda é a ligação entre o esquema.

Um símbolo esquemático é um modelo básico de um determinado componente. O símbolo esquemático consiste no símbolo, número e nome do pino de cada componente. O símbolo esquemático do componente é concebido utilizando a função "pin-out", que fornece os números dos pinos e os nomes das peças dos componentes. Cada símbolo esquemático é também conhecido como um designador de referência que especifica o tipo e o número da peça. Normalmente, R é utilizado para resistências, C é utilizado para condensadores, L é utilizado para indutores, U é utilizado para circuitos integrados, J é utilizado para conectores e D é utilizado para díodos.

Uma vez terminada a criação do desenho esquemático, inicia-se o desenho da disposição da placa. A disposição da placa tem três etapas principais: Criação da disposição da área de feixe, colocação das peças e encaminhamento. Uma área de implantação é uma demonstração exacta do tamanho físico, ou seja, das almofadas e dos pinos dos componentes. A pegada será impressa na placa de circuito impresso, fornecendo informações sobre o componente a ser soldado na placa. Os componentes da placa de circuito impresso são de dois tipos:

- Componentes de furos passantes
- Componentes de montagem à superfície

A pegada da placa de circuito impresso de um componente de montagem em superfície teria almofadas numéricas para mostrar onde os pinos dos componentes entram em contacto com a placa. Os componentes de montagem em superfície permanecem planos em oposição à placa. As almofadas dos componentes de montagem em superfície são dobradas para que possam ser facilmente soldadas na superfície da placa.

Os pinos dos componentes com orifícios de passagem são concebidos de forma a serem diretamente inseridos na parte superior da placa e fixados firmemente com solda na parte inferior da placa. Assim, a parte superior da placa é geralmente designada por "lado dos componentes" e a parte inferior é geralmente designada por "lado da soldadura".

7.2 CONCEPÇÃO DE PLACAS DE CIRCUITO IMPRESSO

A placa de circuito impresso é concebida para a implementação do hardware de todo o sistema robótico. Todo o sistema robótico está dividido em quatro módulos, ou seja, o módulo de alimentação eléctrica, o módulo de deteção, o módulo de condução e o módulo de transmissão de vídeo, que são concebidos numa única placa de circuito impresso. O desenho da placa de circuito impresso do circuito é apresentado a seguir:-

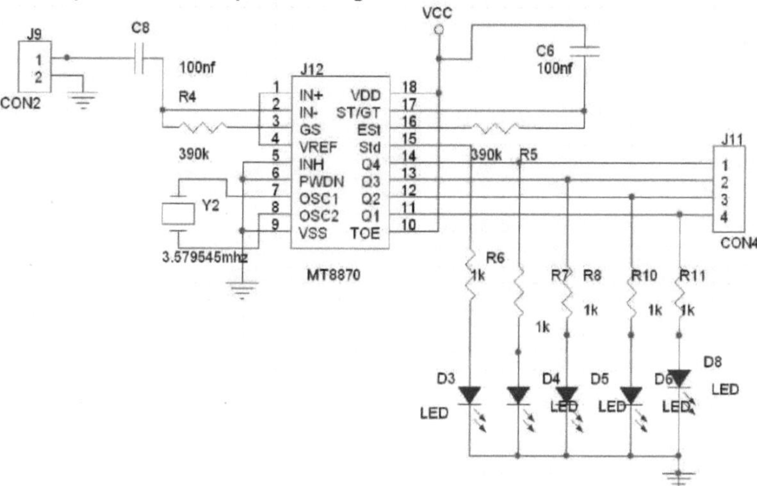

Figura 7.1 Diagrama esquemático da descodificação DTMF

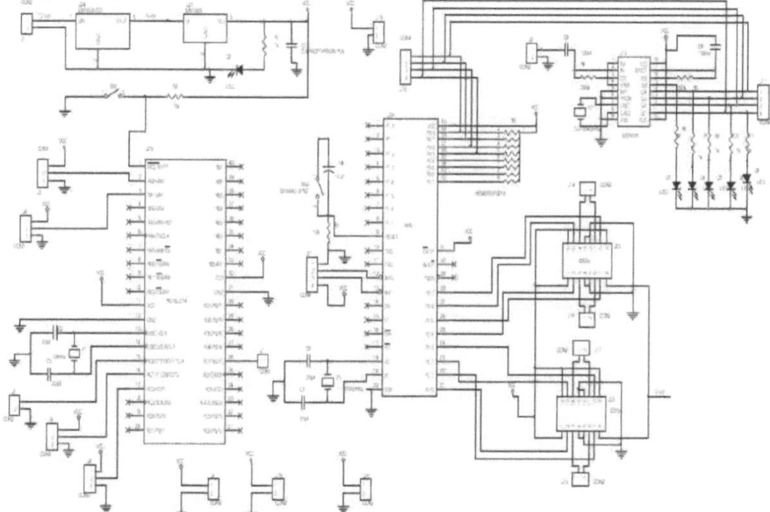

Figura 7.2 Diagrama esquemático de um sistema robótico completo

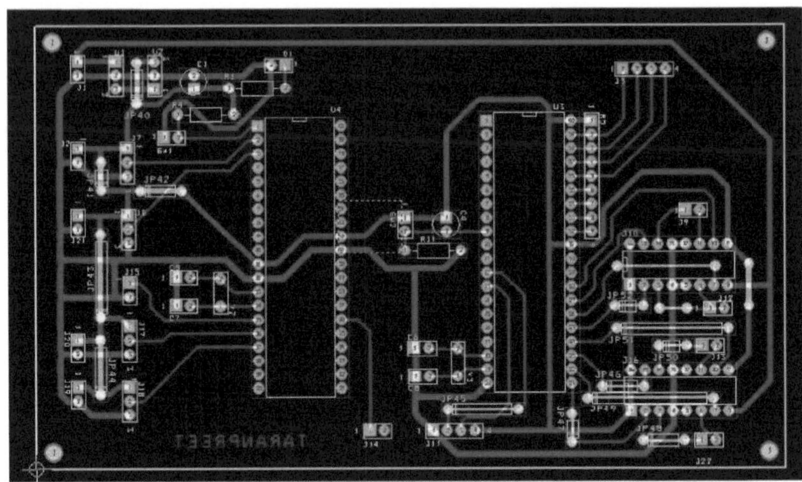

Figura 7.3 Disposição do modelo de hardware

Capítulo 8

IMPLEMENTAÇÃO E RESULTADOS EXPERIMENTAIS

Este capítulo inclui os resultados e os instantâneos do lado do veículo, bem como do lado do utilizador. O lado do veículo inclui o robô de vigilância que está equipado com vários sensores e o lado do utilizador inclui o telemóvel do utilizador. A Figura 8.1 mostra a interface dos vários sensores com o microcontrolador.

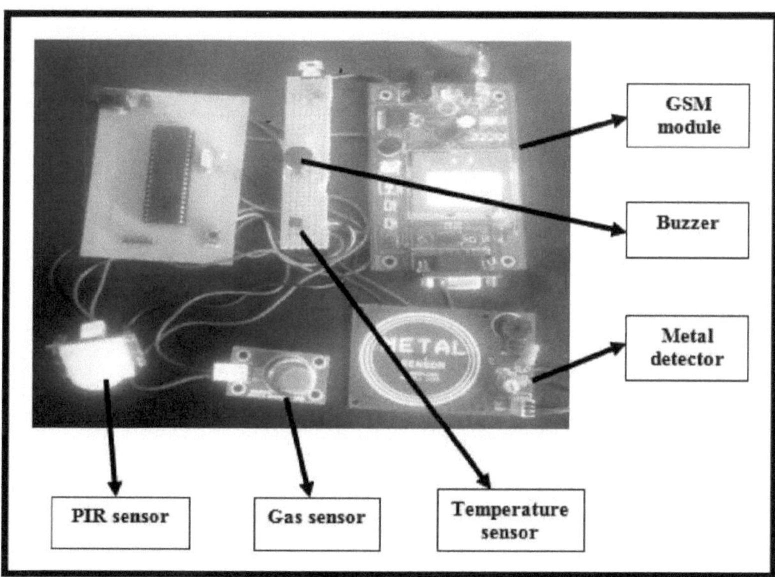

Figura 8.1 Interface dos sensores com o microcontrolador

8.1 SAÍDA DO SENSOR DE GÁS

O sensor de gás produz uma tensão de saída analógica que é convertida em PPM (partes por milhão de partes), o que indica a concentração de gás nas imediações. Se a sua concentração aumentar a partir de um determinado nível, indica-o através de um sinal sonoro e da transmissão de mensagens de alerta.

PPM = Tensão de saída analógica x 2

Tabela n.º 8.1 Tensão de saída do sensor de gás

Saída Analógico Tensão (mV)	50	100	150	200	250	300	350	400
PPM	1000	2000	3000	4000	5000	6000	7000	8000

Este gráfico mostra a relação entre a saída analógica do sensor de gás e PPM de vários gases. Haveria uma relação linear entre as duas quantidades.

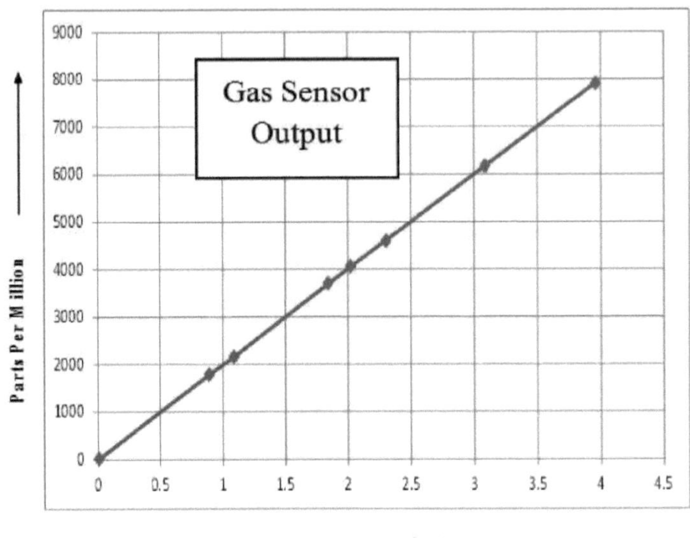

Figura 8.2 Gráfico entre a saída do sensor de gás e PPM

8.2 SELECÇÃO DO ÂNGULO DO PAINEL SOLAR

O ângulo de inclinação do painel solar depende inteiramente da latitude da área selecionada. Este veículo robótico foi concebido para funcionar em Punjab, onde a latitude é de 30 .^{0}

Quadro n.º 8.2 Seleção do ângulo de inclinação do painel solar

Época	**Cálculo do ângulo de inclinação**	**Ângulo resultante**
inverno	(30*0.9) + 29	560
verão	(30*0.9) - 23.5	3.50
primavera e outono	(30 - 2.5)	27.50

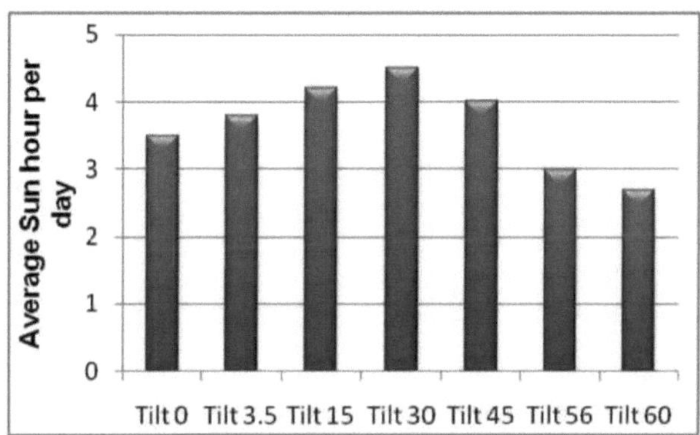

Figura 8.3 Média de horas de sol por dia para o ângulo de inclinação do painel solar

8.3 VELOCIDADE DO ROBÔ

A velocidade do robô depende do diâmetro da roda e das RPM (rotações por minuto) do motor CC selecionado.
Distância percorrida por rotação = Diâmetro da roda x 3,14 cm
= 8 x 3,14 cm = 25,12 cm
RPM do motor DC = 100
Velocidade do robot num segundo = (Distância percorrida por rotação x RPM do motor) / 60 segundos
= (25,12 x 100)/60 = 41,86cm/seg
Velocidade do motor em metros/seg. = 41,84/100 = 0,41 m/seg.

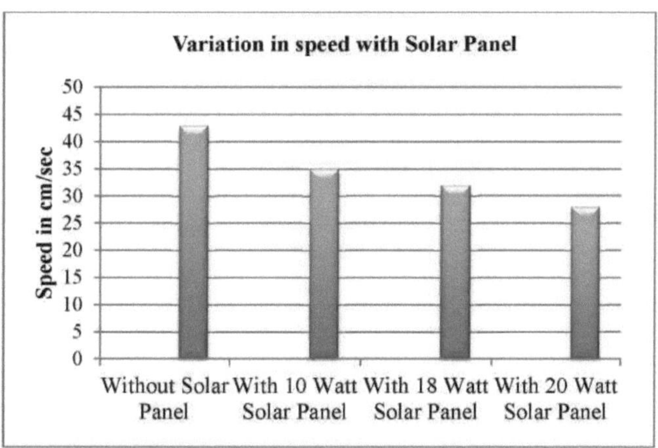

Figura 8.4 Variação da velocidade do veículo robótico

8.4 CONSUMO DE ENERGIA DO ROBOT

Corrente máxima consumida pelo robot = 0,5 Amp/hora
Tensão máxima requerida pelo robot = 12 Volt
Potência total consumida pelo robot = 6 Watts/hora
Potência máxima fornecida pelo painel solar = 10 Watt
Na Índia, o sol permanece durante 6 ou 7 horas por dia. Assim, a potência total fornecida pelo painel solar = 60 Watt/dia
Esta potência é suficiente para acionar o robô de vigilância durante 10 a 12 horas por dia.
A bateria recarregável é utilizada para acionar o robô durante as 14 horas restantes.

AH (Ampere Hours) da bateria recarregável
= (Horas para acionar o robô x watt/hora do robô)/Tensão necessária para o robô
= (14 x 6)/12 Ah
= 7 AH

O consumo de energia do veículo robótico em modo manual é ligeiramente superior ao do modo automático, uma vez que o telemóvel é utilizado como câmara de vídeo durante a chamada para o descodificador DTMF

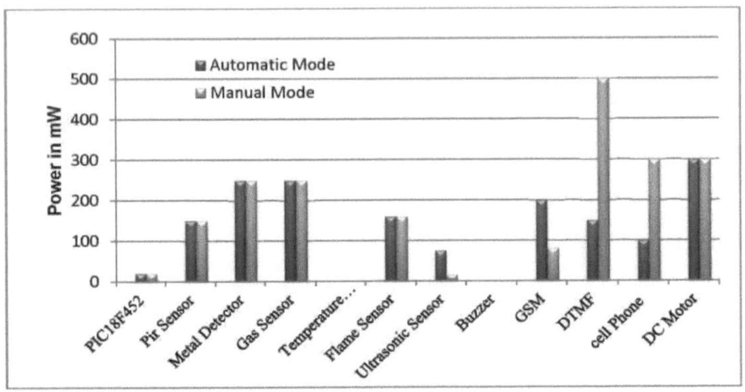

Figura 8.5 Consumo de energia por veículo robótico

8.5 INSTANTÂNEOS DO LADO DO VEÍCULO ROBÓTICO

A figura 8.6 mostra uma fotografia do robô totalmente equipado com todos os componentes. As figuras 8.7 e 8.8 mostram o invólucro totalmente robusto do robô equipado com painel solar e câmara

Figura 8.6 Robô equipado com todos os componentes

Figura 8.7 Vista lateral do robô

Figura 8.8 Modelo de hardware do robô desenvolvido

Figura 8.9 Robô com painel solar

8.5 INSTANTÂNEOS DO LADO DO UTILIZADOR

O lado do utilizador inclui o telemóvel para receber mensagens de alerta e controlar o robô durante o modo manual e o computador portátil para ver o vídeo transmitido pela câmara. A figura 8.10 mostra o telemóvel como comando para controlar o movimento do robô e a figura 8.11 mostra as mensagens de alerta transmitidas pelo robô para o telemóvel do utilizador.

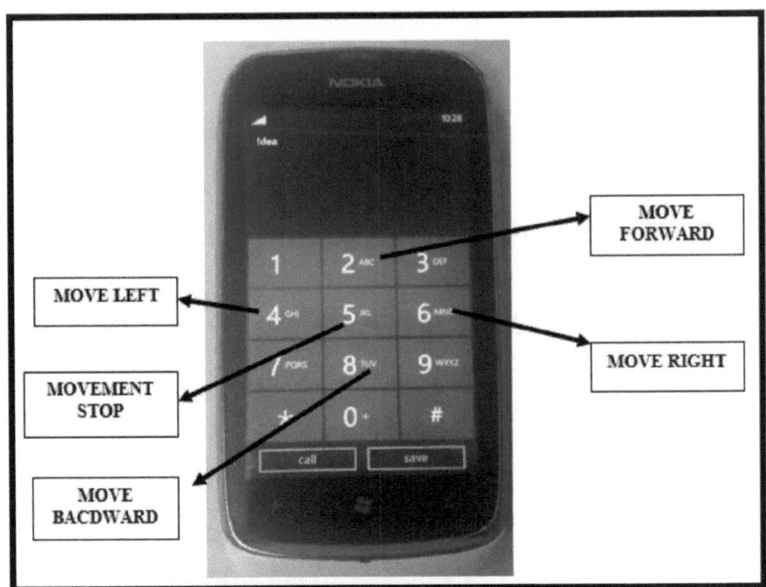

Figura 8.10 Célula do utilizador como comando para controlar o robô durante o modo manual

Figura 8.11 Mensagens de alerta transmitidas pelo robot

CONCLUSÕES E ÂMBITO FUTURO

CONCLUSÕES

Este livro apresenta o desenvolvimento de um robô para fins de vigilância e inspeção em áreas altamente classificadas, como a segurança das fronteiras. Neste livro, o robô está ligado a vários sensores, como o sensor de deteção de pessoas, o detetor de metais, o sensor de deteção de gases, o detetor de incêndios e o detetor de objectos. Qualquer coisa que o robô detecte nas zonas fronteiriças, alerta os utilizadores próximos através de um sinal sonoro e os utilizadores remotos através do envio de mensagens de alerta para os seus telemóveis. Este robô alarga o alcance da comunicação entre o utilizador e o robô em zonas remotas, utilizando o telemóvel como recetor. Este robô de segurança funciona em modo automático e manual. No modo automático, o robô utiliza um sensor ultrassónico para detetar e evitar os objectos e executar a operação de acordo com o algoritmo definido. No modo manual, o utilizador controla o movimento do robô premindo uma tecla do teclado do telemóvel. Este robô está também equipado com uma câmara sem fios, que é utilizada para transmitir ao utilizador remoto vídeos em direto dos arredores do robô em ambos os modos. Durante o modo manual, é conveniente para o utilizador observar o robô e controlar o seu movimento em conformidade.

ÂMBITO DE APLICAÇÃO FUTURA

Independentemente do grande número de vantagens, este projeto de livro requer algumas alterações que exigem uma ampla gama de cobertura, monitorização e controlo através da Internet e maior facilidade de utilização.

1. Rede de sensores sem fios

A RSSF é uma coleção de nós implantados de forma estática ou dinâmica numa rede cooperativa e fornece conetividade sem fios entre estes nós autónomos com IEEE 802.11.4. A utilização de RSSF melhoraria o alcance da cobertura das zonas de vigilância através da implantação de nós móveis equipados com sensores. Os principais objectivos da conceção de uma RSSF consistem em maximizar o tempo de vida dos nós da rede, os nós em miniatura e minimizar o consumo de energia, escolhendo esquemas e algoritmos de encaminhamento específicos para obter um melhor rendimento [17].

2. Internet das coisas (IOT)

Com a rápida proliferação da tecnologia, a IOT acrescentaria uma nova dimensão ao mundo da informação, da tecnologia e da comunicação. Atualmente, a utilização da Internet é exagerada na nossa vida quotidiana e conduziria ao desenvolvimento de uma técnica em que máquinas, etiquetas RFID, sensores e coisas comunicam entre si através da Internet das Coisas (IOT) [18]. Uma vez que a IOT é uma tecnologia emergente, tem alguns desafios que incluem o fornecimento de um endereço único a cada coisa, de modo a permitir um acesso ubíquo à Internet.

REFERÊNCIAS

Zadid Shifat, A. S. M., Md Saifur Rahman, Md Fahim-Al-Fattah, e Md Arifur Rahman, "Uma abordagem prática ao sistema robótico operado por telemóvel inteligente baseado em microcontrolador no esquema de salvamento de emergência," In Strategic Technology (IFOST), 2014 9th International Forum on, pp. 414-417. IEEE, 2014.

Pavithra, S., e S. A. Siva Sankari. "7TH sense - um robô multiuso para militares". Em Comunicação de Informação e Sistemas Embarcados (ICICES), Conferência Internacional de 2013, pp. 1224-1228. IEEE, 2013

Khushwant Jain, Vemu Sulochana, "Conceção e desenvolvimento de um carro robô inteligente para a segurança das fronteiras", *Jornal Internacional de Aplicações Informáticas*, Vol. 76 No.7, pp. 23-29, Aug 2013.

Manish Kumar, Nitika Kaushal, Harish Bhute, Mukesh Kumar Sharma, "Design of Cell Phone Operated Robot using DTMF for Object Research", *conferência IEEE sobre redes de comunicações sem fios e ópticas*, pp.1-5, julho de 2013.

Dhiarj Singh Patel, Dheeraj Mishra, Devendra Pandey, Amit Sumele, "Mobile Operated Spy Robot", *International Jouranal of emerging Technology and Advanced Engineering,* Vol. 3,Issue 2,pp. 23-26, Jan 2013.

V.Prasanna Bajaj, H.Gautham, "A Multipurpose Robot for Military" *Revista Internacional de Investigação Teórica e Aplicada em Engenharia Mecânica,* Vol.2, Edição 3, pp.53-56, Jan. 2013.

Nasir, Ibrahim Alsonosi. "Sistema de deteção de obstáculos de baixo custo para robô móvel com rodas". In *Control (CONTROL), 2012 UKACC International Conference on*, pp. 529-533. IEEE, 2012.

Bhargavi, S., e S. Manjunath. "Conceção de um robô de combate inteligente para campos de guerra". *Departamento de Engenharia Eletrónica e de Comunicações, SJCIT, Chikballapur, Karnataka, Índia* (2011).

S.Naskar, S. Das, A.K Seth, A. Nath: "Aplicação de um robô militar inteligente controlado por radiofrequência na defesa". Conferência Internacional *sobre Sistemas de Comunicação e Tecnologias de Rede (CSNT)*, 2011.

Mughal, Zeeshan, Scott Kaghaz Garan e Ridha Kamoua. "Eagle O: Um robô semi-autónomo". Na *Conferência de Sistemas, Aplicações e Tecnologia (LISAT), 2011 IEEE Long Island*, pp. 1-5. IEEE, 2011.

Binoy B. Nair, Abhinav Kaushik ,T. Keerthana , P. Rathnaa Barani "A GSM-based Versatile Unmanned Ground Vehicle", *Conferência Internacional sobre Tendências Emergentes em Robótica e Tecnologias de Comunicação*, pp. 356- 361, Dez 2010 .

Kim, Young-Duk, Jeong-Ho Kang, Duk-Han Sun, Jeon-Il Moon, Young-Sun Ryuh e Jinung An. "Conceção e implementação de controladores remotos de fácil utilização para robôs de resgate utilizados em locais de incêndio." In *Intelligent Robots and Systems (IROS), 2010 IEEE/RSJ International Conference on*, pp. 377-382. IEEE, 2010.

Zheng, Change. "A conceção de um robô de vigilância autónomo em miniatura". Em *Tecnologia de Medição e Automação Mecatrónica, 2009. ICMTMA'09. Conferência Internacional sobre*, vol. 3, pp. 408-413. IEEE, 2009.

He, Fujun, Yingfei Sun, Xiaolei Liu e Zhijiang Du. "Deteção humanoide de fonte de gás perigoso em interiores por robô móvel". Em *Automação e Logística, 2009. ICAL'09. Conferência Internacional do IEEE*, pp. 237-242. IEEE, 2009.

Srinivasavaradhan, G. Chandramouli A.G. Maniprashanna: "7TH sense. Um robô polivalente para fins militares". *MEMSTECH 5th International Conference on Perspective Technologies and Methods in MEMS Design*, 2009.

Sai, K. V. S., e R. Sivaramakrishnan. "Conceção e fabrico de um robô de movimento holonómico utilizando tons de controlo DTMF." Em *Controlo, Automação, Comunicação e Conservação de Energia, 2009. INCACEC 2009. Conferência Internacional de 2009*, pp. 1-4. IEEE, 2009.

Maurya, Mridula, e Shri RN Shukla. "Métricas e restrições de desempenho dos nós de sensores sem fio atuais (Mote)." Jornal Internacional de Pesquisa Avançada em Engenharia Eletrônica e de Comunicação 2.1 (2013): pp-045

Da Xu, Li, Wu He e Shancang Li. "Internet das coisas nas indústrias: A survey". Industrial Informatics, IEEE Transactions on 10.4 (2014): 2233-2243

http://www.sunrom.com/www.wiki drdo daksh.com

MIX
Papier aus verantwortungsvollen Quellen
Paper from responsible sources
FSC® C105338

Printed by Books on Demand GmbH, Norderstedt / Germany